目　次

前言 ... III
引言 ... IV
1 范围 ... 1
2 规范性引用文件 ... 1
3 术语和定义 ... 2
4 基本规定 ... 4
5 施工准备 ... 4
　5.1 技术准备 ... 4
　5.2 现场准备 ... 5
　5.3 施工测量 ... 5
6 排水工程施工 ... 6
　6.1 一般规定 ... 6
　6.2 地表排水 ... 6
　6.3 地表防渗 ... 7
　6.4 排水盲沟 ... 8
　6.5 排水隧洞 ... 8
　6.6 排水钻孔 ... 9
　6.7 地下水监测装置安装 ... 10
7 抗滑桩工程施工 ... 10
　7.1 一般规定 ... 10
　7.2 人工挖孔抗滑桩 ... 11
　7.3 机械钻孔抗滑桩 ... 13
　7.4 锚索抗滑桩 ... 16
　7.5 箱型抗滑桩 ... 17
　7.6 小口径组合抗滑桩 ... 17
8 锚索(杆)工程施工 ... 18
　8.1 一般规定 ... 18
　8.2 锚索(杆)钻孔 ... 19
　8.3 锚索制作与安装 ... 19
　8.4 锚杆制作与安装 ... 20
　8.5 锚索(杆)孔注浆 ... 21
　8.6 锚墩(台座)浇筑 ... 22
　8.7 张拉锁定 ... 22
　8.8 锚索(杆)防腐 ... 23
9 格构锚固工程施工 ... 24

9.1 一般规定 ··· 24
9.2 浆砌石格构 ··· 24
9.3 钢筋混凝土格构 ··· 25
10 抗滑挡墙工程施工 ·· 25
10.1 一般规定 ··· 25
10.2 浆砌石挡墙 ··· 27
10.3 混凝土挡墙 ··· 28
10.4 扶壁式挡墙 ··· 28
10.5 桩板式挡墙 ··· 29
10.6 石笼挡墙 ··· 30
10.7 墙后回填 ··· 30
11 其他防护工程施工 ·· 31
11.1 削方减载工程 ··· 31
11.2 回填压脚工程 ··· 32
11.3 抗滑键工程 ··· 34
11.4 植物防护工程 ··· 34
12 施工安全监测 ·· 35
12.1 一般规定 ··· 35
12.2 监测项目 ··· 36
12.3 监测点布置 ··· 37
12.4 监测方法及精度 ··· 38
12.5 监测频率 ··· 38
13 施工安全与环境保护 ··· 39
13.1 施工安全 ··· 39
13.2 环境保护 ··· 41
14 质量检验与工程验收 ··· 41
14.1 施工质量控制 ··· 41
14.2 质量检验与验收标准 ··· 42
14.3 工程验收 ··· 47
附录 A（规范性附录） 主要防治工程施工工艺流程 ································ 49
附录 B（规范性附录） 抗滑桩声波透射检测方法 ···································· 55
附录 C（规范性附录） 锚索（杆）试验 ··· 58
附录 D（规范性附录） 混凝土强度的检验评定 ······································ 61
附录 E（规范性附录） 低应变法检验 ··· 63

前　言

本规范按照 GB/T 1.1—2009《标准化工作导则　第 1 部分：标准的结构和编写》给出的规则起草。

本规范附录 A、B、C、D、E 均为规范性附录。

本规范由中国地质灾害防治工程行业协会提出并归口。

本规范起草单位：四川九○九建设工程有限公司、四川省华地建设工程有限责任公司、深圳市工勘岩土集团有限公司、中国地质环境监测院、青海省环境地质勘查局等。

本规范主要起草人：殷跃平、贺模红、赵松江、王贤能、黄晓明、叶晓华、马君伟、王文沛、黑广民、王志军、田恒召、罗银飞、魏占玺。

本规范由中国地质灾害防治工程行业协会负责解释。

引 言

为使滑坡防治工程施工规范化，保证施工质量，满足技术先进、经济合理、结构安全、保护环境的要求，依据《国土资源部关于编制和修订地质灾害防治行业标准工作的公告》（国土资源部公告2013年第12号），特制定本规范。

本规范在研究国内外有关工程施工技术标准和较为成熟方法技术的基础上，结合滑坡防治工程的特点，充分吸收了三峡工程库区、汶川地震震区及全国其他地区滑坡灾害防治工程施工经验编写而成。

本规范由范围、规范性引用文件、术语和定义、基本规定、施工准备、排水工程施工、抗滑桩工程施工、锚索（杆）工程施工、格构锚固工程施工、抗滑挡墙工程施工、其他防护工程施工、施工安全监测、施工安全与环境保护、质量检验与工程验收共14章及附录组成。

//T/CAGHP 038—2018

滑坡防治工程施工技术规范（试行）

1 范围

本规范规定了滑坡防治工程中排水工程、抗滑桩工程、锚索（杆）工程、格构锚固工程、抗滑挡墙工程、其他防护工程等方面的主要施工方法和技术要求，以及施工安全监测、施工安全与环境保护、质量检验与工程验收等要求。

本规范适用于国土、公路、铁路、水利水电及其他行业的滑坡防治工程施工。

应急抢险治理是滑坡防治工程的特殊阶段，其施工可参照本规范执行。

湿陷性黄土、冻土、膨胀土和其他特殊性岩土场地，以及侵蚀环境的滑坡防治工程施工，尚应符合国家现行有关规范的规定。

2 规范性引用文件

下列文件对于本规范的应用是必不可少的。凡是注日期的引用规范，仅所注日期的版本适用于本规范。凡是不注日期的引用规范，其最新版本（包括所有的修改单）适用于本规范。

GB 6722　爆破安全规程
GB 50026　工程测量规范
GB 50086　岩土锚杆与喷射混凝土支护工程技术规范
GB 50201　土方与爆破工程施工及验收规范
GB 50203　砌体工程施工质量验收规范
GB 50204　混凝土结构工程施工质量验收规范
GB 50496　大体积混凝土施工规范
GB 50666　混凝土结构工程施工规范
GB/T 32864　滑坡防治工程勘查规范
GB/T 14902　预拌混凝土
DZ/T 0219　滑坡防治工程设计与施工规范
DL/T 5099　水工建筑物地下工程开挖施工技术规范
JGJ 18　钢筋焊接及验收规程
JGJ 46　施工现场临时用电安全技术规范
JGJ 55　普通混凝土配合比设计规程
JGJ 63　混凝土用水标准
JGJ 106—2014　建筑基桩检测技术规范
JGJ 107　钢筋机械连接通用技术规程
JG/T 5094　混凝土搅拌运输车
JG/T 3055　基桩动测仪
T/CAGHP 020—2017　地质灾害治理工程施工组织设计规范（试行）

3 术语和定义

下列术语和定义适用于本规范。

3.1
滑坡 landslide, slide

斜坡上的岩土体在重力等因素作用下,沿一定软弱面或者软弱带,产生以水平运动为主的顺坡运动的过程或现象。

3.2
滑面 sliding surface, slip surface, rupture surface

滑体与滑床之间的分界面,也就是滑体沿之滑动、与滑床相触的面,简称滑面。

3.3
滑床 landslide bed

滑坡中滑面(带)以下、未发生滑动的岩土体,简称滑床。

3.4
信息法施工 method of information construction

根据施工现场的地质情况和监测数据,对地质结论、设计参数进行验证,对施工安全性进行判断并及时修正施工方案的施工方法。

3.5
施工地质工作 geological work of construction

滑坡防治工程施工期间,利用开挖或钻孔揭露的地质露头进行地质编录、分析和评价,为优化设计、指导施工提供地质依据。自滑坡防治工程开工至竣工验收,施工地质工作贯穿于工程施工的全过程。

3.6
抗滑桩 anti-slide pile

穿过滑体进入滑动面以下一定深度,阻止滑体滑动的柱状构件。

3.7
锚索抗滑桩 anchor anti-slide pile

由抗滑桩和锚索组成的用于阻止滑坡滑动的复合结构体系。

3.8
箱型抗滑桩 box-like anti-slide pile

在滑坡体及滑床中通过人工开挖浇筑钢筋混凝土形成的空心结构,具有抵抗滑坡变形滑动和排水的功能。

3.9
埋入式抗滑桩 sunken anti-slide pile

桩顶标高低于滑坡体表面一定深度的抗滑桩。

3.10
排水工程 drainage engineering

在滑坡体中或外围砌筑的截水和引水沟渠、井、孔、洞室等地面及地下构筑物,具有排导滑坡体地表积水或降低地下水位以提高滑坡整体稳定性的功能。

3.11
锚索(杆) anchor rope(bolt)

通过外端固定于坡面,另一端锚固穿过滑动面的钢绞线或高强钢丝束(杆体),将拉力传至稳定岩土层,以增大抗滑力,提高边坡稳定性。

3.12
设计锚固力 designed load holding capacity

锚索在正常工作状态下所能提供的锚固力,它是由极限承载力考虑一定安全系数后得到的,也称为设计承载力。

3.13
锁定荷载 locking load

进行锚索(杆)锁定时,作用于锚头上的荷载。

3.14
格构锚固 concrete grid with anchor

利用现浇钢筋混凝土或预制预应力混凝土等形成框格结构,进行滑坡坡面防护,并结合锚索(杆)加固的一种治理技术。

3.15
重力式挡墙 gravity retaining wall

由墙身和底板构成的、主要依靠自身重量维持稳定的挡土建筑物。

3.16
扶壁式挡墙 counterfort retaining wall

由底板及固定在底板上的直墙和扶壁构成的,主要依靠底板上的填土重量维持稳定的挡土建筑物。

3.17
桩板式挡墙 sheet-pile retaining wall

利用板桩挡土,依靠自身锚固力或设帽梁、拉杆及固定在可靠地基上的锚碇墙维持稳定的挡土建筑物。

3.18
削方减载 cutting slope & unloading

通过开挖的方式减少地质体的荷重。如斜坡削方减载是采用从斜坡顶部开挖的方法,减少边坡自身荷载,提高边坡稳定性的措施。

3.19
回填压脚 backfill on slope toe

通过工程措施在斜坡坡脚处提供足够的工程自重力,以增加斜坡抗滑能力,提高其稳定性的工程措施。

3.20
植物防护 protecting with vegetation

采用绿化措施减少滑坡坡面冲刷掏蚀、美化滑坡防治工程的一种辅助防治技术。

3.21
施工安全监测 construction safety monitoring

地质灾害防治工程施工期为保证施工安全所开展的监测工作。

4 基本规定

4.1 滑坡防治工程施工应积极采用和推广绿色施工技术、先进技术和先进工艺，实现节能、节地、节水、节材和环境保护。

4.2 滑坡防治工程施工应根据滑坡变形状态、工程结构类型与特征及施工条件，制订合理的施工顺序，选择适当的施工方法，减少对滑坡体的扰动。

4.3 滑坡防治工程使用原材料、成品、半成品和构配件等的质量要求，应符合国家现行标准和设计的规定。

4.4 工程开工前，施工单位应编制施工组织设计，针对滑坡防治工程的特点和难点制订相应的安全和技术措施。对专业性较强的施工项目，如爆破、排水竖井、排水隧洞、人工挖孔桩以及结构复杂、危险性大的施工项目，应编制专项安全施工方案，必要时应组织专家论证后才能实施。

4.5 滑坡防治工程施工过程中应加强安全管理，并开展施工安全监测，及时掌握地质灾害体的稳定情况及变形特征，做好监测记录。当出现变形加剧等险情时，施工单位应会同相关单位查清险情原因，及时启动应急措施控制险情。

4.6 施工过程中应同步开展施工地质工作，记录及追踪施工过程中的相关地质条件变化情况，特别是对防治工程设计有重要影响的地质要素，如滑带等，应进行专项描述、记录及拍照。

4.7 滑坡防治工程应采用信息法施工，施工期发现地质灾害体地质情况与设计不吻合时应及时反馈设计，并根据施工地质、监测数据和设计变更报告对施工方案及时调整，调整后的施工方案应得到业主或监理单位认可。

4.8 施工过程中出现重大地质结论变化时，应及时通知业主单位，进行补充地质勘查或专门地质勘查。补充地质勘查或专门地质勘查应符合《滑坡防治工程勘查规范》(GB/T 32864)的相关规定。

4.9 滑坡防治工程施工过程中应加强施工过程质量控制、隐蔽工程的检查和验收，做好各项施工记录。

5 施工准备

5.1 技术准备

5.1.1 滑坡防治工程施工前应充分收集并熟悉下列资料：
 a) 滑坡防治工程勘查报告。
 b) 滑坡防治工程施工图设计文件。
 c) 滑坡防治工程施工影响范围内的建(构)筑物、地上地下管线和障碍物等资料。
 d) 滑坡监测资料及当地气象水文资料。
 e) 业主单位的要求。

5.1.2 滑坡防治工程施工组织设计的编制应按照设计的要求，在现场踏勘的基础上，综合考虑工程特征、工程规模、工程地质、水文地质、保护对象、邻近建(构)筑物、环境条件、施工条件和工期等因素，因地制宜，确保防治工程施工能够高效、安全地实施。具体编制内容应符合《地质灾害治理工程施工组织设计规范(试行)》(T/CAGHP 020—2017)的要求。总体工序施工安排可参考附录 A.1 并结合滑坡实际条件综合确定。

5.1.3 滑坡防治工程施工前应编制施工安全监测方案，安全监测方案需经建设单位、设计单位、监理单位等认可后实施。

5.1.4 施工安全应急救援预案应对安全事故的风险特征进行安全技术分析，对可能引发次生灾害的风险应有预防技术措施。

5.1.5 施工单位应组织专业技术及管理人员熟悉和领会施工图纸，明确设计意图，参加图纸会审，对设计图的疑点及建议应及时向设计单位提出并获得答复，形成图纸会审记录。

5.1.6 施工单位应向参与施工的人员进行施工技术交底，交代工程特点、施工工艺方法、工序流程、关键工序质量控制、技术质量要求与施工安全，形成施工技术交底记录。

5.1.7 应按设计的要求，提前做好混凝土及砂浆配合比试验、锚固工程注浆机拉拔试验等。

5.1.8 采用新的施工工艺施工时，应在正式施工前进行施工工艺试验，确定施工方法及质量控制要点。

5.2 现场准备

5.2.1 施工前应合理规划施工现场布置，施工营地（工棚）应搭建在滑坡危险区外。

5.2.2 施工道路应满足施工车辆行驶要求，对路堑或路堤边坡应进行必要的支挡处理。

5.2.3 施工用电应进行设备总需容量计算，变压器容量应满足施工用电负荷要求。

5.2.4 临时性排水措施应满足地下水、暴雨和施工用水等的排放要求，有条件时宜结合滑坡防治工程的永久性排水措施进行。

5.2.5 施工材料堆场及加工场地的尺寸及平整度应满足要求。钢筋水泥等应架空置放并有防水防雨措施。

5.2.6 钻机、混凝土搅拌机、砂浆搅拌机、砂浆泵等施工设备，进场前应进行检验，设备性能应满足施工要求。进场施工前应做好施工设备安装、调试等准备工作。

5.2.7 应组织适量的施工材料进场，施工材料质量应满足设计及相关规范要求，进场材料应有出厂合格证，并见证取样，检验合格后方能使用。

5.3 施工测量

5.3.1 滑坡防治工程施工测量应按《工程测量规范》（GB 50026）开展施工控制测量、施工放样测量、复核测量和竣工测量等。

5.3.2 施工单位应对设计单位移交的测量控制点进行复核测量，并根据施工测量要求补充控制点和完善施工控制网。

5.3.3 施工放样测量宜采用极坐标法，也可用全站仪坐标放样法直接放样。平面放样精度相对于控制点点位中误差不应大于 20 mm；高程放样精度相对于邻近水准点高差中误差不应大于 20 mm。

5.3.4 滑坡防治工程完工后，应进行施工测量并编制工程竣工图，做好工程竣工测量记录。竣工总图的比例尺宜为 1∶200～1∶1 000。

5.3.5 测量成果及校核记录等应形成成套的工程资料，及时归档备案。

5.3.6 滑坡防治工程施工的轴线定位点、高程水准基点和监测基准点等各类控制点经复核后应妥善保护，并定期复测。

5.3.7 施工测量除应按上述要求执行外，尚应符合《工程测量规范》（GB 50026）的相关规定。

6 排水工程施工

6.1 一般规定

6.1.1 截(排)水沟施工前应现场标定沟槽走线位置并埋设轴线控制桩,复核排水纵坡和查看坡体稳定性。当实际条件与设计图纸存在明显差异时,应及时向监理单位提出设计变更申请。

6.1.2 排水钻孔(井)、排水盲沟、排水隧洞等施工中应做好施工地质勘查及地质编录工作,进一步查明地下水富集及径流、排泄条件。

6.1.3 排水钻孔(井)施工完成后,应按设计要求有选择性预留部分钻孔(井)作为长期监测孔(井)。预留钻孔(井)结构应满足监测要求。

6.2 地表排水

6.2.1 沟槽开挖应符合下列规定:

a) 沟槽开挖宜分段进行,施工中应防止地表水流入沟槽内。
b) 雨期施工或沟槽挖好后不能及时进行下一工序时,应在基底设计高程以上预留150 mm,待下一工序开始前再挖除。
c) 机械开挖沟槽时,宜在基底高程以上预留不小于150 mm厚度的人工清理层,其厚度应根据施工机械类型确定。
d) 对于沟槽直立壁和边坡,开挖过程中和敞露期间应采取防坍塌保护措施。
e) 在临近沟槽侧堆土或堆放材料及移动施工机械时,应与沟槽边缘保持足够的安全距离。

6.2.2 截(排)水沟开挖成槽后应进行验槽。若基底岩土松软时,可进行地基夯实或换填处理。

6.2.3 沟槽砌体结构施工应符合下列规定:

a) 砌筑施工前应将沟槽基底土层夯实,排干积水,清除基层和石材表面的泥土等杂质。砌筑施工采用坐浆法,先铺设砂浆层,第一层砌体应将石材大面向下,由内向外分层砌筑,砌缝内砂浆均匀饱满,勾缝密实。砌体抹面应平顺,不应有裂缝、空鼓现象。
b) 砌体的灰缝厚度:毛料石和粗料石砌体不宜大于20 mm,细料石砌体不宜大于10 mm。石面勾缝宜在砂浆初凝后进行,应将灰缝抠深至30 mm~50 mm,清洗湿润,然后砂浆勾缝。
c) 砌体的第一层及转角处、交接处和洞口处应选用较大的石料,纵横缝互相错开,每层横缝厚度保持均匀,有层理面的石料应水平砌筑,未凝固的砌层避免扰动。
d) 沟肩回填宜用黏土等不透水土料进行填筑封闭,且靠坡一侧的回填应高于沟肩,确保地表水能顺利流入沟内。
e) 土体渗水丰盈时,截水沟迎水面(靠山侧)宜增设泄水孔。设计无要求时,泄水孔高于沟底200 mm,其背后设反滤层或滤水包。

6.2.4 沟槽现浇混凝土施工应符合下列规定:

a) 安装模板时,宜在水沟内侧两边各安装一组预组水沟墙模板,底部连接支撑用厚度5 cm的木板顶在预组水沟墙模板底端连接钢管上,顶部连接支撑用ϕ48钢管与水沟墙模板钢管用U型卡连接。
b) 沟墙混凝土灌注前应对模板、支架等分别检查,符合要求后方可灌注混凝土。
c) 混凝土灌注施工时,宜先灌注沟底混凝土,待其初凝后(常温下24 h),再立沟墙模板灌注边墙混凝土,亦可将沟底混凝土与沟墙混凝土一次立模灌注完成。沟底混凝土灌注应按伸缩缝分段连续进行,各分段内混凝土应一次灌完。沟身混凝土应按一定厚度分层灌注,各分段内的混凝土应一次性灌完。

d) 振捣时,振捣棒应自然沉入混凝土,插入点间距应均匀,移动间距不宜大于振捣器作用半径的1.5倍。应采用"快插慢拔",并插到尚未初凝的下层混凝土中5 cm～10 cm,每一振点的振捣时间延续时间宜为20 s～30 s。振捣时不得碰撞模板和预埋部件。

e) 混凝土灌注完成后,应在收浆后12 h内覆盖和洒水养护。

6.2.5 预制混凝土U型槽的施工应符合下列规定:

a) 应根据设计单位提供的测量成果进行施工放线和基槽开挖,人工修整成型,并每20 m在基槽一侧的侧边设高程控制桩,两高程控制桩之间带控制线。

b) U型槽等预制混凝土构件的运输宜采用人工配合机械装卸,轻装轻下。

c) U型槽等预制混凝土构件安装应按设计高程从下游向上游铺砌。混凝土U型槽放入基槽后,应按控制线校正混凝土U型槽平面和侧面,符合要求后两侧及时回填土固定。混凝土U型槽在接头处应留设30 mm宽的缝隙,按此铺设后7 d左右的时间,待U型槽基本沉降稳定,再进行校正,并用水泥砂浆勾缝。缝隙应灌实、抹平。勾缝后应及时覆盖湿草帘和洒水养护。

d) U型槽安装后两侧应同时对称分层回填并夯实,严格控制分层厚度。

e) 施工期间应加强对混凝土U型沟槽的管理,在过水使用或大雨之后应及时检查和修补缺陷部位。

6.2.6 预制混凝土涵管施工应满足下列要求:

a) 基坑开挖好后,应先进行砂碎石垫层施工,回填砂碎石并夯实。

b) 涵管应检查合格后方可安装。

c) 涵管与管座、垫层或地基应紧密贴合,垫稳座实。

d) 接缝填料嵌填应密实,接缝表面平整,无间断、裂缝、空鼓现象。

e) 每节管底坡度均不得出现反坡。

f) 管座沉降缝应与涵管接头平齐,无错位现象。

6.2.7 急流槽、跌水、消力槽(池)等特殊工程的施工应符合下列规定:

a) 跌水的台阶高度应按设计或根据地形、地质等条件确定,台阶高度应不大于0.6 m,不同台阶坡面应上下对齐。

b) 急流槽的基础应嵌入地面以下,其底部应按设计要求砌筑抗滑平台并设置端护墙。

c) 跌水槽宜一次砌筑成型,并应按设计要求施工消力槛。

d) 跌水与急流槽施工顺序:纵向应从下游向上游施工;横向宜先施工沟底后施工墙。

e) 急流槽基底宜砌成粗糙面或嵌入约5 cm～10 cm的坚硬小石块,石块净距10 cm～15 cm。

f) 急流槽过长时应分节砌筑,分节长度宜为5 m～10 m,接头处应用防水材料填缝。混凝土预制块急流槽,分节长度宜为2.5 m～5 m,接头采用榫接。

g) 急流槽应按设计要求设置伸缩缝。设计无要求时,应每隔10 m设置2 cm宽的伸缩缝一道,并用沥青麻絮填塞。

6.3 地表防渗

6.3.1 根据设计要求,实地测绘标出滑坡区及周边需要防渗处理的裂缝带、塌陷坑和拉陷槽等渗漏区。

6.3.2 防渗施工应符合下列规定：

a) 采用防渗膜（布）施工方法时，应根据滑坡土体物理力学指标选择适宜的防渗膜（布）材料。对具有膨胀性土体，应选取拉伸强度高的材料。

b) 防渗膜（布）施工时应从下向上平展铺设，避免打皱，先将布下基面铲平，不留集水点；采用大幅拼接，宜用胶接法或热元件法熔接，胶接法搭接宽度为 50 mm～70 mm，热元件法焊接叠合宽度为 10 mm～15 mm。防渗材料覆盖好后，应及时铺盖保护层。

c) 采用黏土防渗施工时，应先将基底清平，黏土材料洒水湿润，再分层铺筑、压实，每层厚 150 mm～200 mm。

d) 采用水泥砂浆防渗施工时，应先将基底清平、压实，不留集水点，再自下而上进行抹面；抹面砂浆强度、配合比和厚度符合设计要求，面积较大时应留设伸缩缝，缝内灌热沥青做止水处理。

6.4 排水盲沟

6.4.1 排水盲沟应按设计要求进行现场定位放样，标定盲沟槽走线位置并埋设轴线控制桩。

6.4.2 排水盲沟开挖应符合以下规定：

a) 渗水盲沟、支撑盲沟的沟槽宜采用机械开挖。

b) 开挖深度较大而存在边坡失稳隐患时，应采取放坡或支护措施，盲沟基础应置于滑动面以下不小于 0.5 m 的稳定滑床中。

c) 开挖顺序宜自下游端向上进行，应根据地层的稳定情况确定分段开挖长度，当地层松散、稳定性差时，可缩短每段的开挖长度。

d) 盲沟沟槽开挖完成并经检验合格后，应及时铺设土工布并回填，避免开挖沟槽形成后长时间裸露引起沟壁坍塌，开挖的土石方应堆放在安全地带并及时运走。

6.4.3 排水盲沟基底的施工应符合以下规定：

a) 基底纵向宜为台阶式，每级台阶长度不应小于 4.0 m，基底应平整顺直。

b) 沟底清平后砌筑前应及时验槽。

6.4.4 反滤层施工应符合以下规定：

a) 根据盲沟断面裁剪和拼接土工布，自下而上铺设平顺，避免打皱，土工布搭接长度不应小于 200 mm，上层布将下层布压平整。

b) 反滤层厚度及组合形式应符合设计要求，施工前应清除其材料中的杂质。

c) 排水层材质应选用软化系数不小于 0.75 的较大石料，人工不规则摆放，禁止抛石填筑。

d) 排水盲沟表面应堆码平顺，盲沟顶面为中间高、两侧低的弧形，两侧宜用规则块石将土工布压牢。

6.5 排水隧洞

6.5.1 排水隧洞施工前应编制专项施工方案，主要内容包括：

a) 排水隧洞工程设计概况。

b) 排水隧洞围岩地质特征及水文地质概况。

c) 掘进方法和掘进设备的选择。

d) 洞内电力线、水管及气管的选择和布置。

e) 除渣运输设备的型号和数量，渣场的设置。

f) 爆破孔布置数量、钻孔深度和调整原则。
g) 支护结构施工和配套的机具设备选择。
h) 安全防护技术措施和应急预案。

6.5.2 洞内施工电力线缆应符合以下要求：
a) 电缆电线宜敷设在洞内风管、水管路相对的一侧，并不应妨碍运输。
b) 输电线应使用密封电缆，不应使用胶皮线。
c) 排水隧洞照明电压不应大于36 V，手提作业灯电压为12 V～24 V。
d) 选用的导线截面应使线路末端的电压降不应大于10 %，36 V及24 V线不应大于5 %。
e) 干线上的每一分支线应装设开关及保险丝具，禁止在动力线路上加挂照明设施。

6.5.3 排水隧洞通风机械应能符合以下要求：
a) 空气压缩机应满足各种风动机具同时工作的最大耗风量和风压要求。
b) 洞内各项作业应将新鲜空气送至作业面，所需要的最大风量按每人3 m³/min新鲜空气计算。采用内燃机作业时，1 kW供风量不应小于3 m³/min，风速宜为0.25 m/s～0.6 m/s。
c) 排水隧洞工作面施工作业风压不应小于0.5 MPa，水压不应小于0.3 MPa。

6.5.4 排水隧洞施工中的渗水处理应以排为主，有大面积渗漏水时，宜采用钻孔将水集中汇流引出，其钻孔位置、数量、孔径、深度、方位和渗水量等应做详细水文地质记录，以便在支护时确定拱墙背后排水设施的位置。

6.5.5 洞身开挖、支护、出渣与运输应符合《水工建筑物地下开挖工程施工技术规范》(DL/T 5099)和《岩土锚杆与喷射混凝土支护工程技术规范》(GB 50086)的有关规定。

6.5.6 洞内开挖采用钻爆法施工时，应符合《爆破安全规程》(GB 6722)的有关规定。

6.5.7 施工中应对洞身围岩与水文地质状况进行施工监测，并对地质情况进行描述记录。地质变化处和重要地段，应拍摄照片进行记录，掌握围岩和支护的动态信息并及时反馈，指导施工作业。

6.6 排水钻孔

6.6.1 排水钻孔宜在排水隧洞衬砌或坡面成型后进行。排水钻孔周边工程施工结束后，应对排水钻孔的畅通情况进行检查。

6.6.2 排水钻孔的成孔工艺应符合以下规定：
a) 在岩石中钻孔，可选用风动凿岩钻机或潜孔锤冲击钻进钻机。
b) 对排水孔成孔不宜采用泥浆护壁工艺，对复杂地层钻孔宜选用回转跟管护壁钻进或潜孔锤冲击跟管钻进。当施工用水对滑坡有危害时，须采用干法钻孔。
c) 排水孔施工中，按设计要求确定钻机立轴倾斜度，钻机应安放平稳，钻具应带有防斜导向装置，遇软硬不均地层应轻压慢转，防止钻孔偏斜。
d) 钻孔终孔后应测量孔斜度，及时采用与钻孔时相同的冲洗介质进行清孔，并安装排水管。
e) 施工过程中应对排水钻孔的地质情况进行编录，记录裂隙情况和水文地质特点。

6.6.3 排水钻孔的孔位偏差不宜大于100 mm，孔深误差不应超过±50 mm，孔斜度误差应不大于1 %。检查数为5 %且不小于2孔。

6.6.4 排水管安装时应将过滤管准确下入到孔内渗水段，孔口部位用水泥砂浆封闭排水管与孔壁之间的空隙。设计无规定时其面积不小于0.30 m×0.30 m；排水管出口应超出孔口0.30 m，并将排出的水引入排水沟内。

6.7 地下水监测装置安装

6.7.1 根据设计需要安装地下水监测用孔隙水压力计(以下称孔压计)进行排水效果监测。

6.7.2 孔压计埋设采用直径为110 mm的钻具钻进至设计安放仪器位置上部0.5 m处,下入保护套管至孔压计埋设位置上部1.3 m处。

6.7.3 将孔压计连接在钻杆下端,利用钻杆(导向)将孔压计送至孔底,使用钻机立轴向下施加压力,将测试原件(传感器)压入孔底土层中0.5 m设计要求的位置,经检测孔压计完好后,下入黏土泥球封孔直至套管口,然后将孔压计所有电缆线穿入保护套管引至地面观测仪器。

6.7.4 用水泥砂浆抹平孔口部位及周边地面,做好监测孔口保护和监测标志。

6.7.5 填写孔压计安装埋设记录,绘制地下水监测钻孔安装结构图。

6.7.6 可能存在多层地下水时,各层地下水均应监测。

7 抗滑桩工程施工

7.1 一般规定

7.1.1 滑坡体处于明显变形阶段时,不宜施工抗滑桩工程。

7.1.2 施工前应根据滑坡变形状况、施工条件、抗滑桩类型等因素,分析抗滑桩施工可能对滑坡稳定性产生的影响,合理安排施工顺序。除小型桩外,应间隔1～2孔跳桩施工,按由浅至深、两侧向中间的顺序进行。

7.1.3 抗滑桩工程施工前应平整孔口场地,并做好施工区的地表截(排)水及防渗工作,防止地表水进入孔内。雨季施工时,孔口应加筑适当高度的围堰。

7.1.4 抗滑桩施工时,应采取低用水工艺或降排水等措施,控制或减少水对滑坡稳定性的影响。

7.1.5 抗滑桩属于隐蔽工程,施工过程中应做好桩孔地质编录、各种施工和检验记录,人工挖孔桩在开挖至滑带处应留下影像资料备查。

7.1.6 桩孔施工过程中应进行滑面(带)的位置(深度)、物质组成、结构等特征的描述和判别,必要时可取样验证。当主滑面(带)的深度或力学强度与设计文件不一致时,应及时反馈于设计,由原设计单位进行确认或变更设计。

7.1.7 桩孔的地质编录和滑面(带)的判别应符合《滑坡防治工程勘查规范》(GB/T 32864)的相关规定。

7.1.8 采用机械钻孔抗滑桩或小口径组合抗滑桩时,应先进行工艺性试成孔施工,试成孔数量不少于2个。如出现缩颈、塌孔、回淤、吊脚或出现流砂、地下水量大等情况,不能满足设计要求,或成桩困难时,应重新制订施工方案或采取新的施工工艺。

7.1.9 在高含盐地层中进行抗滑桩工程时,应严格按照设计要求选用耐腐蚀混凝土,并在施工中采取下列措施:

    a) 应采用大掺量或较大掺量矿物掺和料的低水胶比混凝土,且宜复合使用矿物掺和料。

    b) 混凝土拌和物中由各种原材料引入的氯离子总量应不超过胶凝材料总量的0.2 %。

    c) 混凝土内总碱量(包括所有原材料)应满足不超过3.0 kg/m³的要求。

    d) 混凝土中掺加阻锈剂,其品种和掺量应通过试验确定。

    e) 必要时,宜采用硅烷浸渍技术对抗滑桩顶面及侧面进行处理,硅烷浸渍深度应达到2 mm以上,氯化物吸收量的降低效果平均值不小于90 %。

7.1.10 在季节性冻土和多年冻土进行抗滑桩工程施工时，应符合下列规定：
   a) 在多年冻土地区，当季节融化层处于冻结状态且不受地层和水文地质情况的影响时，可采用挖孔桩施工，在孔底热融时开挖。在夏季融化的季节融化层地区，不宜采用挖孔桩施工。
   b) 机械钻孔抗滑桩施工要求：
      1) 护筒埋设宜采用加压法、锤击法或振动法埋设，护筒最小埋设深度应超过冰冻线以下未冻土中不小于 0.5 m 或多年冻土上限不小于 0.5 m；
      2) 宜安排在一天中的低温时段施工；
      3) 钻孔施工应连续进行，中途不宜停顿，必须停顿时，将钻具提出孔外后，应立即进行孔口保温；
      4) 钻孔到达设计深度后应立即进行孔底清理，清孔后应立即进行孔口保温；
      5) 钢筋笼宜采用整体制作，一次吊装入孔；
      6) 混凝土入模温度应满足设计要求，设计无要求时，入模温度不宜低于 5 ℃；
      7) 混凝土应在 8 h 内连续浇筑完成，浇筑完成后应立即保温养护和防冻胀处理。

7.2 人工挖孔抗滑桩

（Ⅰ）桩孔开挖

7.2.1 人工挖孔法适用于矩形抗滑桩及大直径（直径不小于 0.8 m）圆形抗滑桩施工。

7.2.2 人工挖孔抗滑桩施工工艺流程见附录 A.2。

7.2.3 矩形抗滑桩定位放样宜采用全站仪坐标放样法。放出抗滑桩 4 个角点和中心点位，向桩外稳定位置引控制桩或龙门桩，做好标志并加以保护。

7.2.4 挖孔桩提升机械可采用摇摆旋转式电动提升架，也可采用跨井门式架，电葫芦卷扬安全可靠并配备自动卡紧保险装置，机械的提升能力应与提升吊斗配套，吊斗的活门应有防开保险装置。

7.2.5 桩孔锁口圈应高出地面 200 mm，地面宽度不小于 400 mm，孔口护壁厚度不宜小于 150 mm；混凝土强度满足设计要求并不低于 C20。锁口圈梁应设置安全防护栏，雨季施工时应搭设雨棚。

7.2.6 抗滑桩桩孔开挖过程中应按设计要求及时采用钢筋混凝土护壁。设计无要求时，应根据岩土侧压力验算护壁的厚度、强度以及配筋，护壁厚度不宜小于 100 mm，混凝土强度等级符合设计要求，应配置直径不小于 8 mm 的构造钢筋。

7.2.7 护壁混凝土宜采用细石混凝土，所用混凝土配合比应至少提前 28 d 完成试验，混凝土坍落度宜为 50 mm～80 mm。施工中应对混凝土取样检测。

7.2.8 挖孔桩开挖过程中应边开挖边护壁，每次开挖深度应根据岩土体自稳能力确定。在自稳能力较好的可塑—硬塑状黏性土、稍密以上的碎石土或者强风化岩一次开挖深度宜为 1.0 m～1.2 m；在软弱的黏性土、流砂、淤泥或松散回填土及松散碎石土层中一次开挖深度宜为 0.5 m～0.8 m。护壁分节不宜设在软硬地层分层界面处，且不应设在滑带处。

7.2.9 护壁钢筋的竖向筋应上下搭接或者拉接，搭接时应采用单面焊接且长度不应小于 10d。护壁模板采用组合式钢（木）模板拼装而成，护壁混凝土采用小直径振捣棒配合钢钎捣固密实。模板宜在混凝土强度达到设计强度的 50 % 后方可拆除。

7.2.10 桩孔开挖过程中应及时排除孔内积水。当滑体的富水性较差时，可采用坑内直接排水；当富水性好、水量很大时，宜采用桩孔外管泵降排水。桩孔抽排的地下水应引出至地表排水沟，不得回流到滑坡体内。

7.2.11 抗滑桩开挖到桩底后,清理桩底残渣,排干积水,用混凝土封底,预留集水坑。封底混凝土强度应与桩身一致,厚度不宜小于 200 mm。

(Ⅱ)桩身钢筋制作与安装

7.2.12 抗滑桩钢筋制安应严格按照设计图施工,原材料及钢筋配置数量和长度应符合设计要求。

7.2.13 在钢材能顺利进场且距离抗滑桩较近的位置,设置专用的钢筋堆场及制作场地,集中加工制作钢筋。

7.2.14 钢筋质量应符合设计及国家现行规范要求。对进场钢筋均应检查产品合格证或出厂检验报告,并应按规范要求进行现场见证取样送检,检验合格才能使用。进场钢筋应按规格、型号、批号分开堆放,钢筋下方用道木架空,并挂标识牌,注明钢筋的型号、批号、检验状态。

7.2.15 水平箍筋或拉筋加工应按设计图纸和规范要求进行,箍筋末端应做成弯钩,弯钩的形状及平直部分的长度应符合规范要求。加工后的半成品宜分类码放,堆置不宜过高,不得引起半成品的变形,并注意加强保护,不得污染油污及泥浆。

7.2.16 抗滑桩桩身钢筋笼宜在桩井内制作。在井内吊放竖向钢筋,安装时从下至上分段成型。也可在地面分段制作钢筋笼,在井口焊接安装。

7.2.17 竖筋的搭接处距离土石分界和滑动面(带)不得小于 2.0 m。

7.2.18 竖筋连接、分段制作的钢筋笼的连接,其接头应采用焊接或者机械接头(钢筋直径大于 20 mm),并应符合国家现行标准《钢筋机械连接通用技术规程》(JGJ 107)、《钢筋焊接及验收规程》(JGJ 18)和《混凝土结构工程施工质量验收规范》(GB 50204)的规定。

7.2.19 抗滑桩钢筋笼与护壁间用垫块隔开,受力钢筋保护层的厚度不得小于 50 mm,且应符合设计要求。

7.2.20 钢筋笼若采用型钢,型钢制作与安装应满足受拉构件钢结构的施工规范要求。

7.2.21 钢筋应力计、声测管等预埋件应按设计要求同步安装,且应符合下列规定:
a) 钢筋应力计埋设位置处用绑扎法连接,钢筋应力计缆线置于钢筋间并用绑扎线固定,直接引至桩顶并置于铁管中加以保护。
b) 声测管埋设应按照附录 B 的要求安装。

(Ⅲ)桩身混凝土浇筑

7.2.22 抗滑桩桩身混凝土浇筑宜使用预拌混凝土。当运输困难时,可使用现场机械搅拌混凝土,不宜使用人工搅拌的混凝土。

7.2.23 施工现场混凝土搅拌站应选择距抗滑桩较近位置,备料应满足单根桩连续浇筑的要求。

7.2.24 现拌混凝土应事先进行配合比试验,试验用原材料应现场取样,添加剂应质量可靠,并应符合《普通混凝土配合比设计规程》(JGJ 55)的规定。

7.2.25 预拌混凝土应按《预拌混凝土》(GB/T 14902)执行。混凝土搅拌运输车应符合《混凝土搅拌运输车》(JG/T 5094)的规定。

7.2.26 混凝土现场输送可采用手推车、翻斗车等料车输送,或采用混凝土泵输送。料车输送混凝土的坍落度宜小于 80 mm,泵送混凝土坍落度宜为 160 mm~220 mm。

7.2.27 桩身混凝土浇筑前应抽干桩井内积水,封堵地下水渗水点。

7.2.28 当桩孔内积水深度小于 100 mm 时,桩身混凝土浇筑可采用干法灌注,混凝土应通过串筒或导管灌入孔内,串筒下口距离混凝土面宜为 1 m~2 m。当桩孔较深时也可采用泵送混凝土浇筑,泵送管管口不得高于混凝土面2 m。

7.2.29 当地下水丰富、桩井内积水难以疏干时,应采取水下混凝土浇筑方法施工,导管数量及混凝土坍落度等应符合本规范第7.3.19条至第7.3.22条的规定。截面积大于4 m² 的桩孔内,不少于2根导管。

7.2.30 桩身混凝土应连续浇筑,分层振捣。每浇筑0.4 m~0.6 m时,应使用插入式振动棒振捣密实1次,振捣范围应覆盖桩井全截面,混凝土保护层不得漏振。振捣过程中应保护钢筋计预埋件,不得造成移位或损坏。

7.2.31 当桩顶高出地面的抗滑桩无法整体连续浇筑桩身混凝土时,应编制专项施工方案,并报设计单位、监理单位确认。

7.2.32 对抗滑桩桩头应及时用麻袋、草帘等覆盖并浇水养护,养护期不得少于7 d,冬季施工的混凝土不得受冻害。冬季、雨季浇筑桩身混凝土应提前做好混凝土专项施工方案。

7.2.33 大截面抗滑桩混凝土浇筑时,应按照《大体积混凝土施工规范》(GB 50496)的技术要求进行配合比设计和施工,降低混凝土浇筑体内外的温差,防止开裂。

7.2.34 桩身混凝土灌注过程中,应进行混凝土坍落度检测,取样做混凝土试块。直径不大于1.0 m或单桩混凝土量不超过25 m³ 的桩,每根桩桩身混凝土应留有1组试件;直径大于1.0 m的桩或者单桩混凝土量超过25 m³ 的桩,每个灌注台班不得少于1组,每组试件应留3件。

7.2.35 埋入式人工挖孔抗滑桩施工时,桩身混凝土浇筑3 d后,桩顶以上的空桩部分宜按设计要求采用碎石、土夹石或低强度素混凝土等材料回填。

7.3 机械钻孔抗滑桩

7.3.1 机械钻孔法适用于直径0.6 m以上的圆形抗滑桩施工。

7.3.2 机械钻孔抗滑桩施工工艺流程见附录A.3。

7.3.3 圆形抗滑桩定位放样宜采用全站仪坐标放样法,放样出抗滑桩中心点位,将钢尺的零端固定在桩的中心点上,另一端按桩的半径长度沿桩心画圈,将过中心点且地形条件较好的一组十字线延长到抗滑桩外稳定地点,做好控制标志并加以保护。

7.3.4 机械钻孔桩成孔工艺可选择回转钻进、冲击钻进或旋挖钻进工艺。应根据桩型、钻孔深度、土层情况、泥浆排放及处理条件等综合因素确定钻孔机具及工艺。

7.3.5 机械钻孔桩达到设计深度,灌注混凝土之前,孔底沉渣厚度或虚土厚度不应大于100 mm。

7.3.6 除能自行造浆的黏性土层外,均应制备泥浆。泥浆制备应选用高塑性黏土或膨润土。泥浆应根据施工机械、工艺及穿越土层情况进行配合比设计。

7.3.7 泥浆护壁应符合下列规定:
  a) 施工前应挖设泥浆池、沉淀池及泥浆循环沟,泥浆池和沉淀池宜布置在滑坡体外,滑坡体上的泥浆循环沟应做好防渗处理,沉淀池的体积不应小于桩孔体积的2倍。
  b) 施工期间护筒内的泥浆面应高出地下水位1.0 m以上,在受水位涨落影响时,泥浆面应高出最高水位1.5 m以上。
  c) 桩孔达到设计深度,在灌注混凝土前应进行清孔,清孔后孔底沉渣厚度应满足设计要求。在清孔过程中,应不断置换泥浆,直至灌注水下混凝土。
  d) 灌注混凝土前,孔底500 mm以内的泥浆相对密度应小于1.25;含砂率不得大于8 %;黏度不得大于28 s。
  e) 在容易产生泥浆渗漏的土层中应采取维持孔壁稳定的措施。

f) 对废弃的浆、渣应进行处理,不得污染环境。

7.3.8 机械钻孔桩泥浆护壁成孔时应在孔口埋设钢护筒,护筒设置应符合下列规定:
a) 护筒埋设需准确、牢固,护筒中心与桩位中心偏差小于50 mm。
b) 护筒可用4 mm～8 mm厚钢板制作,对于回转钻进和旋挖钻进工艺,护筒内径应大于钻头直径100 mm,对于冲孔钻进工艺,护筒内径应大于钻头直径200 mm,护筒上部设1～2个溢浆孔。
c) 护筒的埋设深度:在黏土层中不宜小于1.0 m,砂土层中不宜小于1.5 m。护筒下端外侧应采用黏性土填实,其高度尚应满足孔内泥浆面高度的要求。
d) 受水位涨落影响或水下施工的钻孔灌注桩,护筒应加高加深,必要时应打入不透水层。

7.3.9 机械钻孔桩成孔施工的允许偏差:桩位放样允许偏差±10 mm,桩径允许偏差±50 mm,桩身垂直度小于1%,成孔桩位偏差在垂直于滑动方向上不大于100 mm,平行于滑动方向上不大于150 mm,嵌固段长度应达到设计要求。

7.3.10 回转钻进钻孔桩成孔可根据孔深、岩土层性状、场地环境特点采用正循环或反循环钻进工艺。对孔深较深、直径较大的桩孔,宜采用反循环工艺成孔或清孔,也可根据土层情况采用正循环钻进、反循环清孔。

7.3.11 回转钻进成孔时应符合下列规定:
a) 钻机就位应调整水平位移及倾斜度,使钻杆中心与护筒中心重合,偏差不应大于20 mm。
b) 在破碎岩层中可采用泥浆或化学浆液护壁,当浆液漏失严重时,应采取充填、封闭等堵漏措施。
c) 当在软土层中钻进时,应根据泥浆补给情况控制钻进速度,在硬层或岩层中的钻进速度应以钻机不发生跳动为准。
d) 如在钻进过程中发生斜孔、塌孔和护筒周围冒浆、失稳等现象时应停钻,待采取相应措施后再钻进。

7.3.12 冲击钻进时应符合下列规定:
a) 采用冲击成孔的钻进工艺,应采取跳孔施工顺序,待相邻桩身混凝土强度达到设计强度的70%以后方可开钻。
b) 大直径成孔可分级成孔,第一级成孔直径应为设计桩径的0.6～0.8倍。
c) 成孔过程中排渣可采用泥浆循环或抽渣筒等方法,当采用抽渣筒排渣时应及时补给泥浆。
d) 冲孔终孔后应进行清孔,对不易塌孔的桩孔可采取空气吸泥清孔,对于稳定性差的孔壁应采取泥浆循环或抽渣筒排渣。
e) 冲孔过程中遇到斜孔、弯孔、塌孔及护筒周围冒浆、失稳等现象时,应停止施工,采取措施后方可继续施工。

7.3.13 采用旋挖钻进工艺时,应根据不同的地层和地下水位埋深,采用干作业成孔工艺和泥浆护壁成孔工艺。

7.3.14 旋挖桩成孔可直观观察岩土层特征,宜完整记录开挖地质情况,当钻孔穿过潜在滑动面或滑带时,应及时留取土样、记录及拍照。

7.3.15 旋挖钻进干作业成孔应符合下列要求:
a) 钻杆应保持垂直稳固、位置准确,防止因钻杆晃动引起扩大孔径。
b) 钻进过程中应随时清理孔口积土,遇到地下水、塌孔、缩孔等异常情况时应及时处理。
c) 成孔达到设计深度后,孔口应予及时保护。
d) 灌注混凝土前,应在孔口安放护孔漏斗,然后放置钢筋笼,并应再次测量孔内虚土厚度。

7.3.16 旋挖钻进泥浆护壁成孔应符合下列要求：
a) 应配备成孔和清孔用泥浆及泥浆池(箱)，在容易产生泥浆渗漏的土层中可采取提高泥浆相对浓度，掺入锯末、增黏剂提高泥浆黏度等维持孔壁稳定的措施。
b) 泥浆制备的能力应大于钻孔时的泥浆需求量，每台套钻机的泥浆储备量不应少于单桩体积。
c) 旋挖钻机施工时，应保证机械稳定、安全作业，必要时可在场地铺设保证其安全行走和操作的钢板或垫层。
d) 每根桩均应安设钢护筒，护筒应符合本规范第7.3.8条的规定。
e) 成孔前和每次提出钻斗时，应检查钻斗和钻杆连接销子、钻斗门连接销子以及钢丝绳的状况，并应清除钻斗上的渣土。
f) 旋挖钻机成孔应采用跳挖成孔方式，钻斗倒出的土距桩孔口的最小距离应大于6 m，并应及时清除。应根据钻进速度同步补充泥浆，保持所需的泥浆高度不变。
g) 钻孔达到设计深度时，应采用清孔钻头进行清孔。钢筋笼下置到位后，应进行第二次清孔，清孔时可采用灌浆导管进行泵吸式或者空气反循环清孔。孔径较小或孔深较浅时，也可采用正循环清孔工艺清孔。

7.3.17 机械钻孔桩桩身钢筋笼制作与安装的质量应符合下列要求：
a) 钢筋笼的材质、尺寸应符合设计要求，制作允许偏差应符合表1的规定。

表1 机械钻孔桩桩身钢筋笼制作允许偏差

项目	允许偏差/mm
主筋间距	±10
箍筋间距	±20
钢筋笼直径	±10
钢筋笼长度	±100

b) 钢筋笼应在地面分段制作成型后，分段在井口安装，其接头宜采用焊接或机械式接头(钢筋直径大于20 mm)，并应符合国家现行标准《钢筋机械连接通用技术规程》(JGJ 107)、《钢筋焊接及验收规程》(JGJ 18)和《混凝土结构工程施工质量验收规程》(GB 50204)的规定。
c) 钢筋应力计、声测管及其他预埋件应按设计要求，与钢筋笼制作和安装同步进行并应符合本规范7.2.21的规定。
d) 加劲箍宜在主筋外侧，当因施工工艺有特殊要求时也可置于内侧。
e) 导管接头处外径应比钢筋笼的内径小100 mm以上。
f) 搬运和吊装钢筋笼时应防止变形，安放应对准孔位，避免碰撞孔壁和自由落下，就位后应立即固定。钢筋笼保护层厚度不得小于50 mm。
g) 当纵向主筋为非均匀配置时，应严格按照设计要求的方向正确吊装，以确保桩的受力特性符合设计要求。

7.3.18 钢筋笼吊装完毕后，应安置导管或气泵管二次清孔，并应进行孔位、孔径、垂直度、孔深、沉渣厚度等检验，合格后应立即灌注混凝土。

7.3.19 水下灌注的混凝土应符合下列规定：
a) 水下灌注混凝土应具备良好的和易性，配合比应通过试验确定，坍落度宜为180 mm～

220 mm，水泥用量不应少于 360 kg/m³（当掺入粉煤灰时水泥用量可不受此限）。
  b) 水下灌注混凝土的含砂率宜为 40 %～50 %，并宜选用中粗砂，粗骨料的最大粒径应小于 40 mm。
  c) 水下灌注混凝土宜掺减水剂、缓凝剂和早强剂等外加剂。掺入外加剂前应经试验检验其效果。

7.3.20 导管的构造和使用应符合下列规定：
  a) 导管壁厚不宜小于 3 mm，直径宜为 200 mm～250 mm，直径制作偏差不应超过 2 mm，导管的分节长度可视工艺要求确定，底管的长度不宜小于 4 m，接头宜采用双螺纹方扣快速接头。
  b) 导管使用前应试拼装、试压，试水压力可取为 0.6 MPa～1.0 MPa。
  c) 每次灌注后应对导管内外进行清洗。

7.3.21 使用的隔水栓应有良好的隔水性能，并应保证顺利排出；隔水栓宜采用球胆或与桩身混凝土强度相同的细石混凝土制作。

7.3.22 灌注水下混凝土的质量控制应满足下列要求：
  a) 开始灌注混凝土时，导管底部至孔底的距离宜为 300 mm～500 mm。
  b) 应有足够的混凝土储备量，首批混凝土灌注完成后，导管一次埋入混凝土灌注面以下不应少于 0.8 m，并不宜大于 2.0 m。
  c) 导管埋入混凝土深度宜为 2 m～6 m。严禁将导管提出混凝土灌注面，并应控制提拔导管速度，应有专人测量导管埋深及管内外混凝土灌注面的高差，填写水下混凝土灌注记录。
  d) 灌注水下混凝土应连续施工，每根桩的灌注时间应按初盘混凝土的初凝时间控制，对灌注过程中的故障应记录备案。
  e) 应控制最后一次灌注量，超灌高度宜为 0.8 m～1.0 m，凿除泛浆后应保证暴露的桩顶混凝土强度达到设计等级。

7.3.23 埋入式机械钻孔抗滑桩施工时，桩身混凝土浇筑 3 d 后，桩顶以上的空桩部分，宜采用碎石、土夹石或低强度素混凝土等材料回填。

7.4 锚索抗滑桩

7.4.1 锚索抗滑桩施工时，应先施工抗滑桩后施工锚索。

7.4.2 锚索抗滑桩的抗滑桩施工应按本规范第 7.1 条至第 7.3 条的相关规定执行。预应力锚索施工应按本规范第 8 条的相关规定执行。

7.4.3 抗滑桩桩身混凝土灌注前，应在设置预应力锚索处预留锚索孔，锚索孔处的钢筋宜切断，护壁应凿穿，在预留孔安置对应设计尺寸的钢管或高强度 PVC 管。预留孔的孔位偏差不宜大于 50 mm，孔斜误差不大于 1 %，预埋管内径达到设计孔径且不超出设计孔径 10 mm。

7.4.4 在桩身设预应力锚索处，应按设计要求设置钢筋混凝土斜托，斜托混凝土强度等级不应低于 C30。

7.4.5 预应力锚索张拉锁定前，应在桩顶斜面和桩身斜托上铺设钢垫板、置放锚具，并对钢绞线进行初步锁定，初步锁定时钢绞线不得切断并在锚头预留补浆孔。当全部钢绞线初步锁定完成后，按设计预应力值张拉锁定并及时补浆。张拉锁定后，切除钢绞线余长，其长度应满足重新张拉锁定要求，外露长度不宜小于 200 mm，用 C20 以上混凝土封锚，封锚体宜为梯形断面。

7.5 箱型抗滑桩

7.5.1 箱型抗滑桩的挖孔、护壁施工应符合本规范第7.2条的规定。

7.5.2 桩身混凝土灌注前,应先在设计位置施工和埋设排水孔道,接至空心部位,并固定牢靠。排水孔施工应符合本规范第6.6条的规定。

7.5.3 桩身空心段的模板安装和混凝土灌注应符合《混凝土结构工程施工规范》(GB 50666)和本规范第5.2条的有关规定。

7.5.4 箱型抗滑桩井内需进行人工检测及维护保养时,应按设计要求在井壁设置钢筋爬梯,桩顶铺设钢筋混凝土保护盖板。

7.5.5 钢筋混凝土盖板预制和安装应符合下列规定:
   a) 可采用现场预制或工厂定制,其强度应满足设计要求。
   b) 盖板上应设置通气孔,设计无要求时,通气孔孔径宜为 $\phi 50$ mm。
   c) 盖板应安装稳固、牢靠,并设立保护标志。
   d) 盖板上不应压置重物或堆土。

7.5.6 桩井内的排水应与滑坡区排水系统相接,并排至滑坡区外。

7.6 小口径组合抗滑桩

7.6.1 小口径组合抗滑桩施工工艺流程见附录A.4。

7.6.2 小口径桩位平面允许偏差±100 mm,直桩垂直度和斜桩倾斜度偏差均应按设计要求不得大于1‰,孔径、孔深和嵌入滑床的深度应满足设计要求。

7.6.3 小口径组合抗滑桩应采用跳孔施工法,跳孔间距应不小于10倍孔径。待混凝土或注浆体强度达到设计强度的70%以上方可施工下一批临近桩体。

7.6.4 小口径成孔宜采用潜孔锤钻进成孔或回转钻进成孔工艺。采用回转钻进成孔工艺时,可采用泥浆护壁,也可采用套管。采用泥浆护壁时,位于滑体上的泥浆池、泥浆循环沟、沉淀池应采取防渗措施。在注浆或者灌注细石混凝土前应清孔,清孔后孔底沉渣不应大于100 mm。

7.6.5 成孔过程中,当穿过滑面或者滑带时,应及时记录返渣或循环液的特征,并留取渣样。

7.6.6 小口径桩身筋体制作应符合下列规定:
   a) 采用单根钢筋时,应设对中支架,间距宜为1.5 m～3.0 m。
   b) 采用钢筋束时,可采用2根或3根钢筋点焊成束,并设对中支架。
   c) 采用钢筋笼时,主筋不宜少于3根,钢筋笼外径宜小于设计桩径40 mm～60 mm。
   d) 主筋宜采用螺纹机械连接,接头位置应避开滑面不小于2.0 m。
   e) 采用钢管时,钢管可采用无缝钢管或焊缝钢管,不宜采用卷焊管,钢管接头可采用丝扣连接,底部5 m应加工成花管,每米钻凿4个注浆孔,螺旋形均匀布置,孔径不宜小于5 mm。
   f) 采用型钢或钢轨时,应按设计要求的截面方向正确装配,以确保其截面特性。

7.6.7 小口径成孔、清孔后,吊放桩身筋体。筋体宜整根吊放。当分节吊放时,钢筋笼、钢筋束、型钢或者钢管的连接应按《钢筋机械连接技术规程》(JGJ 107)、《钢筋焊接及验收规程》(JGJ 18)的规定执行。注浆管应直插孔底,需二次注浆的小口径应插两根注浆管。

7.6.8 当采用碎石和细石填料时,碎石粒径应小于20 mm,且不超过桩径的1/10;填料应清洗,投入量应不小于计算桩孔体积的0.9倍,填灌时应同时用注浆管注水洗孔。

7.6.9 注浆材料可采用水泥浆液、水泥砂浆或细石混凝土。当填灌碎石或细石料时,注浆应采用水泥浆液,水灰比不宜大于0.5;当采用水泥水玻璃双液注浆时,水灰比宜为0.6~1.0。

7.6.10 小口径注浆时应符合下列规定:

a) 当采用一次注浆时,注浆泵需要一定的起始压力,将水泥浆液经过注浆管从孔底压出,接着减小压力使得浆液注浆上冒,直至浆液泛出孔口停止注浆。注浆压力应通过试验确定,以不使地层结构发生破坏,或者发生局部破坏为前提。

b) 孔内注浆应自下而上,边注浆边拔注浆管。

c) 注浆施工时应采取间隔施工、间歇施工或者增加速凝剂掺量等措施,以防止出现邻桩冒浆和串孔现象。

d) 当采用二次注浆时,应待第一次注浆的浆液初凝后方可进行第二次注浆,第二次注浆采用注入水泥浆液。

e) 拔管后立即在桩顶回填碎石,并在1 m~2 m范围内补浆。

7.6.11 小口径桩身混凝土强度达到设计强度的75%以后,按设计要求开挖桩头、绑扎钢筋、支模、浇筑桩顶钢筋混凝土盖板或者连梁。

8 锚索(杆)工程施工

8.1 一般规定

8.1.1 锚索(杆)施工工艺流程见附录A.5。

8.1.2 施工前应检查原材料和施工设备的主要技术性能是否符合设计要求。

8.1.3 锚索(杆)施工前,应根据设计要求、滑坡变形状况、配套工程情况、开挖方案和施工条件等因素,合理安排施工各顺序。设计有监测锚索时,应首先在设计确定的断面上施工监测锚索,安装压力测力计,量测应力,绘制应力变化图等。

8.1.4 在裂隙发育以及富含地下水的岩层中进行锚索(杆)施工时,应对钻孔周边孔壁进行渗水试验。当钻孔内注入0.2 MPa~0.4 MPa压力水10 min后,锚固段钻孔周边渗水率超过0.01 m³/min时,则应采用固结注浆或其他方法处理。

8.1.5 锚索(杆)孔道应采用钻孔法成孔,钻机设备可根据工程设计、工艺技术、工程特征和规模等因素选择。完整、较完整的岩层宜选用锚固工程钻机;坚硬黏性土和不易塌孔的土层宜选用地质钻机、螺旋钻机或工程专用钻机;饱和黏性土与易塌孔的土层宜选用带护壁套管的工程专用钻机。

8.1.6 施工平台应满足设计和所选用钻机施工的需要,且应牢固、安全。一般施工平台的承载力不宜低于5 kN/m²,宽度不小于2.5 m。

8.1.7 钻机安装应符合以下规定:

a) 钻机就位准确,钻机立轴中心线与设计钻孔的轴线一致。

b) 钻机应固定稳固、可靠。

c) 钻孔施工过程中,钻机的位置不应变动。

d) 各种防护设施、安全装置应齐全和完好,外露转动部分应设置可靠的防护罩或防护栏杆。

8.1.8 锚孔施工过程中应进行施工地质编录,复核地层情况,记录地层岩性特征、地下水、软弱面和滑动面位置及深度等,对代表性钻孔绘制钻孔柱状图。

8.1.9 锚孔施工完毕后,宜采用孔内电视、钻孔成像仪或工业内窥镜等对代表性锚孔进行检测,包括观测孔壁岩性、裂隙位置及发育状况等,必要时进行全孔壁成像、录像,关键部位抓拍图片等。

8.1.10 锚索(杆)的基本试验或性能试验应按设计要求实施。设计无要求时,可参照本规范附录C

的有关规定执行。

8.2 锚索(杆)钻孔

8.2.1 锚索(杆)钻孔可选用正循环回转钻进工艺或正循环气动潜孔锤冲击回转钻进工艺进行造孔。当钻进用水对地层有不良影响时,应采用干法成孔工艺。

8.2.2 锚索(杆)钻孔应符合以下规定：
   a) 钻孔前,应根据设计要求,定出孔位,做好标记。如遇障碍需移动孔位时,应经设计同意并出具设计变更方案。
   b) 施工中宜采用导向钻具钻进,经常检查孔斜度。
   c) 锚索(杆)孔终孔后,可使用压缩空气或压力水将孔内沉渣清理干净,孔内不得残留废渣、岩芯和积水,并应复核孔深。
   d) 孔深满足设计要求后,宜以织物或水泥袋纸塞满孔口,孔边标注编号待用。
   e) 锚索(杆)孔经验收合格后,应及时安装锚索(杆)。

8.2.3 锚索(杆)孔钻进过程中,如遇易坍塌地层、岩体破碎或冲洗液渗漏严重等复杂情况时,可选用跟管钻进,或停止钻进并对钻孔进行固结灌浆处理待凝固之后再扫孔钻进,或小径超前灌浆固结后钻进等工艺。

8.2.4 若孔深已达到设计深度,而仍处于破碎带或断层等软弱岩层时,应会同设计、监理共同协商,可采取对原设计的部位进行固结灌浆改良、改变锚固段位置或继续钻进延长孔深等措施处理。

8.2.5 扩大头型锚索(杆)钻孔还应符合下列规定：
   a) 端部扩大头可采用机械扩孔法或爆破扩孔法,爆破扩孔装药量应根据地层情况并通过试验确定。
   b) 安装锚索前应测定扩大头的尺寸。

8.2.6 当滑坡体结构松散或钻孔缩径明显时,可适当增大预应力锚索(杆)孔径。

8.2.7 锚索(杆)造孔精度应符合设计规定。设计无规定时,宜符合下列要求：
   a) 钻孔位置误差不得大于 100 mm。
   b) 孔径不得小于设计值。
   c) 终孔孔深宜大于设计孔深 50 cm,并应保证锚固段长度达到设计要求,张拉段穿过滑带 2 m。
   d) 孔斜误差不超过 1/100。
   e) 钻孔倾角、水平角误差：与设计锚固轴线的倾角、水平角误差在±1°。

8.3 锚索制作与安装

8.3.1 锚索制作应符合下列基本规定：
   a) 钢绞线在编束前应妥善保管,防止雨淋和污染,编束制作应在专用车间或专用工作台上进行。
   b) 钢绞线应进行除油污、除锈等处理,钢绞线的下料长度应符合设计尺寸及张拉工艺操作需要。锚索下料长度计算方法：
      1) 预应力钢绞线下料长度＝锚固段长度＋自由段长度＋锚墩厚度＋张拉作业段长度；
      2) 张拉作业段长度不宜小于 1.2 m。
   c) 钢绞线宜采用切割机下料,不得使用电弧焊或乙炔焰切割。

d) 钢绞线编索应按一定规律平直排列,一端对齐,不应扭结,绑扎牢固,绑扎间距宜为 2 m。锚固段应组装成枣核状,支撑环应均匀布置并固定。与锚固段相交处的塑料管管口应捆扎密封。捆扎材料不宜用镀锌材料。

e) 在锚固端头装上锥形导向帽,钢绞线与导向帽牢固联结,嵌入导向帽的每根钢绞线长度应一致。

f) 锚索制成后,应有专人进行验收检查,并登记。检查长度、对中架安装、钢绞线有无重叠。合格后进行编号、挂标示牌,注明生产日期、使用部位、孔号。

g) 合格锚索应按编号整齐、平顺地存放在距地面 20 cm 以上的支架或垫木上,不得叠压存放。支架间距宜为 1.0 m～1.5 m,并进行临时防护。锚索存放地应干燥、通风,不得接触硫化物、氯化物、亚硫酸盐、亚硝酸盐等有害物质,并应避免杂散电流。

h) 当采用无粘结钢绞线时,应对自由段进行保护。自由段两端应采取措施防止水泥浆进入。

8.3.2 锚索搬运应符合以下规定：

a) 锚索运输应根据施工环境和条件制订切实可行的实施方案。

b) 水平运输中索体的各支点间距不宜大于 2.0 m,弯曲半径不宜小于 3.0 m。

c) 垂直运输时,应根据索体在吊运中的状态合理设置吊点,其间距不宜大于 3.0 m。

d) 使用车辆长距离运输时,索体底部、层间应设垫木,上下层垫木应在一条垂线上,且不宜超过 3 层,周边及顶部应加以防护。

8.3.3 锚索的安装应符合下列规定：

a) 锚索放入钻孔之前,宜用导向探头对钻孔重新检查,检查钻孔是否畅通,孔深是否符合要求,对塌孔、掉块应进行清理或处理,对孔内集水用去油高压风吹干净。

b) 应核对锚索编号与孔号是否一致,完善隐蔽工程检查验收记录。

c) 安装操作时,推送用力应均匀一致。

d) 锚索入孔时索体的弯曲半径应大于 3 m。

e) 将锚索体推送至预定深度后,现场技术员应检查排气管和注浆管是否畅通,否则应拔出锚索体,排除故障后重新安放。

f) 锚索安装完毕后,应对外露钢绞线进行临时防护。

8.3.4 各单元锚索外露端标记应符合下列规定：

a) 锚索制作时,应在外露端对每根锚索进行编号,便于锚索预张拉时记录和锚具安装。

b) 编号结束后,要对编号进行检查,以免编号漏号或重号。

c) 安装操作结束时,要对外露端各钢绞线上的编号进行检查,对编号脱落或损坏的应该重新补充编号。

8.4 锚杆制作与安装

8.4.1 锚杆制作应符合下列基本规定：

a) 锚杆钢筋应进行除油污、除锈等处理,锚杆钢筋的下料长度应符合设计尺寸及张拉工艺操作需要。锚杆下料长度计算方法：
   1) 锚杆下料长度＝锚固段长度＋自由段长度＋锚墩厚度＋张拉作业段长度；
   2) 张拉作业段长度根据张拉器具长度和锚夹具类型适当考虑余量确定。

b) 钢筋宜采用切割机下料,不得使用电弧焊或乙炔焰切割。

c) 钢筋应按一定规律平直排列,支撑环应均匀布置并固定。与锚固段相交处的塑料管管口应捆扎密封。捆扎材料不宜用镀锌材料。

  d) 锚杆制成后,应有专人进行验收检查,并登记。检查长度、对中架安装是否符合要求。合格后进行编号、挂标示牌,注明生产日期、使用部位、孔号。

8.4.2 锚杆钢筋搬运,应平稳操作,防止锚杆钢筋发生变形。

8.4.3 锚杆的安装应符合下列规定：

  a) 锚杆放入钻孔之前,宜用导向探头对钻孔重新检查,检查钻孔是否畅通,孔深是否符合要求,对塌孔、掉块应进行清理或处理,对孔内集水用去油高压风吹干净。

  b) 应核对锚杆编号与孔号是否一致,并完善隐蔽工程检查验收记录。

  c) 安装操作时,推送用力应均匀一致。

  d) 将锚杆体推送至预定深度后,现场技术员应检查回浆管和注浆管是否畅通,否则应拔出锚杆排除故障后重新安放。

  e) 锚杆安装完毕后,应对外露钢筋进行临时防护。

8.5 锚索(杆)孔注浆

8.5.1 注浆管应随锚索(杆)一同放入钻孔,并符合下列规定：

  a) 对下倾的钻孔注浆时,注浆管出浆口应插入距孔底 300 mm～500 mm 处。

  b) 对上倾的钻孔注浆时,应在孔口设置密封装置,并应将排气管内端设于孔底。

8.5.2 注浆材料应符合下列规定：

  a) 水泥宜使用普通硅酸盐水泥,必要时可采用抗硫酸盐水泥,不应使用高铝水泥和受潮结块的水泥。

  b) 细骨料宜选用中砂、粗砂,砂的含泥量按重量计不应大于 3 %,砂粒的最大直径不应大于 2 mm。

  c) 拌和用水水质应符合现行国家标准《混凝土用水标准》(JGJ 63)的规定。

  d) 注浆液配合比应通过试验确定,不宜使用氯化物外加剂。

8.5.3 注浆机械的选择应符合以下规定：

  a) 注浆搅拌机的转速和拌和能力应分别与所搅拌浆液类型和注浆泵的排量相适应。

  b) 注浆泵性能应与浆液类型、浓度相适应,容许工作压力应大于设计最大注浆压力的 1.5 倍,排浆流量应满足注浆需要。

  c) 注浆管道应保证浆液流动畅通,应能承受 1.5 倍的最大设计注浆压力,注浆管直径不宜小于 25 mm。

8.5.4 注浆操作应符合下列规定：

  a) 注浆浆液应搅拌均匀,随搅随用,使用前应过筛,在初凝前用完。

  b) 注浆作业开始和中途停止较长时间,再作业前应用清水清洗注浆泵和管道。

  c) 对锚固体的重复高压注浆应在初次注浆的水泥结石体强度达到 5.0 MPa 后,分段依次由锚固段底端向前端实施,重复高压注浆的劈开压力不宜低于 2.5 MPa。

  d) 灌浆浆液温度应保持在 5 ℃～40 ℃ 之间。当冬季日平均气温低于 5 ℃ 时,应对制浆系统、灌浆机械和输浆管线进行保温。

8.5.5 锚索注浆充盈系数应大于 1.0,遇孔内严重漏浆,宜采取多次注浆(补浆)、间歇注浆、使用添加剂或其他措施处理。

8.5.6 同时满足下列要求时,可结束注浆：

a) 注浆量大于理论吸浆量。
b) 回浆比重不小于进浆比重,且稳压30 min,孔内不再吸浆。

8.5.7 自由段封孔注浆宜在锚索张拉锁定3 d后进行,封孔注浆应采取有效措施排除孔内的水、气,浆液内宜掺入微膨胀剂,其掺量应通过试验确定。

8.5.8 注浆体强度检验用试块的数量每30根锚索(杆)不应少于1组,每组试块不应少于6个。

8.6 锚墩(台座)浇筑

8.6.1 锚墩(台座)浇筑前应进行锚墩(台座)浇筑区基槽开挖和岩面清理,墩台处背面的空洞或软弱部位,可采取水泥砂浆、混凝土或浆砌块石填充。

8.6.2 应按照设计要求安装孔口管、钢筋网,并架设木模板或钢模板。

8.6.3 混凝土配料应严格控制配合比,搅拌均匀,振捣到位。浇筑完成后,根据季节特点,采取必要的防冻和保温等养护措施。

8.6.4 张拉台座的承压面应平整,与锚索(杆)的轴线方向垂直,座面中心应与锚索(杆)轴线重合。采用定型化台座时,安装及张拉应符合相关技术要求。

8.7 张拉锁定

8.7.1 锚索(杆)张拉时,注浆体与锚墩混凝土的抗压强度值应符合设计规定。设计无规定时,不应小于表2的规定。

表2 锚索(杆)张拉时注浆体与锚墩混凝土的抗压强度值

锚索(杆)类型		抗压强度值/MPa	
		注浆体	锚墩混凝土
土层锚索(杆)	拉力型	15	20
	压力型及压力分散型	25	20
岩石锚索(杆)	拉力型	25	25
	压力型及压力分散型	30	25

8.7.2 锚索(杆)的张拉锁定应符合以下规定:

a) 锚索(杆)张拉前应对张拉设备进行标定。

b) 张拉操作时应设置安全防护设施和安全警示牌,非作业人员不应进入张拉作业区,千斤顶出力方向严禁站人。

c) 锚索(杆)张拉应按设计规定程序进行,锚索(杆)张拉顺序应考虑邻近锚索(杆)的相互影响,宜从中间向两边推进。同一批次的锚索(杆)张拉应先张拉监测锚索(杆)。

d) 锚索(杆)正式张拉之前,应先单根预张拉,应取0.1~0.2倍设计轴向拉力值N_t对锚索(杆)预张拉2~3次,使每根锚索(杆)受力均匀,使其各部位的接触紧密,锚索(杆)完全平直,顺畅。单根预张拉时,应按照先中间、后边缘对称张拉的方式进行逐根张拉,不得漏拉。

e) 锚索(杆)正式张拉之前,应取0.1~0.2倍设计轴向拉力值N_t对锚索(杆)预张拉1~2次,使其各部位的接触紧密,锚索(杆)完全平直。

f) 应采用符合相关技术要求的锚具,有测力计的锚索(杆),测力计应与锚板同步安装,且与锚孔对中。

g) 锚索(杆)分级加载和锚索(杆)张拉程序及持荷稳压时间应符合表3的规定。

表3 锚索(杆)张拉荷载分级及稳压时间

张拉荷载分级	稳压时间/min		
	岩石	砂质土	黏性土
0.10 N_t	3	5	7
0.25 N_t	3	5	7
0.50 N_t	3	5	7
0.75 N_t	3	5	7
1.00 N_t	3	5	10
1.10 N_t~1.20 N_t	3	10	15
锁定荷载	3	10	10
注：N_t 为设计锚索(杆)轴向力。			

h) 张拉过程中应按设计要求逐级加载，直至压力表无返回现象时方可进行锁定作业。

i) 张拉加载及卸荷应缓慢平稳，加载速率每分钟不宜超过 0.10 N_t，卸载速率每分钟不宜超过 0.20 N_t。

j) 锁定锚固力的大小可用两种方法确定：测力传感器直接测定和张拉锁定时的预应力钢绞线变形量按公式(1)计算。

$$P_X = P - 6(P_0 - P_i)/\Delta L \quad\quad\quad (1)$$

式中：

P_X——锁定后可获得的预应力(kN)；

P——锚固所需张拉力(kN)；

P_0——最大张拉荷载(kN)；

P_i——初始张拉荷载(kN)；

ΔL——P_i 加载至 P_0 时的锚索回缩量(mm)，夹片回缩量为 6 mm。

8.7.3 锚索(杆)张拉过程中如遇预应力钢绞线断丝、夹片出现可视裂纹、千斤顶严重漏油、油泵压力表反应异常等情况，应停机检查处理。

8.7.4 锚索(杆)锁定 3 d 后，应检查预应力损失情况，若发现有明显预应力损失时，应进行补偿张拉。

8.7.5 锚索(杆)锁定补浆后，应切除多余钢绞线封锚。设计无规定时，锚具外留钢绞线不宜小于 150 mm，外露钢垫板、锚具、夹片和钢绞线应涂沥青等防腐材料，再采用混凝土密封。

8.8 锚索(杆)防腐

8.8.1 锚索(杆)自由段防腐套管选择应符合以下规定：
   a) 具有足够的强度，在加工和安装过程中不应损坏。
   b) 具有抗水性。
   c) 与水泥砂浆和防腐剂接触无不良反应。

8.8.2 锚索(杆)防腐涂料应符合以下要求：

a) 在服务年限内应保持耐久性。
b) 在规定的工作温度内或张拉过程中不应开裂、变脆或成为流体。
c) 不应与相邻材料发生不良反应,应保持其化学稳定性和防水性。
d) 不应对锚索(杆)自由段的变形产生任何限制。

8.8.3 当采用无粘结钢绞线加工锚索(杆)时,不应对张拉段进行去皮除油处理,锚索(杆)安装后应采用全孔段一次注浆法立即进行锚索孔灌浆。

8.8.4 有粘结锚索(杆)的永久性防腐应按下列要求执行：
a) 在锚索(杆)编束时,应预先对钢绞线自由段进行防腐处理。
b) 永久防护采用水泥浆或水泥砂浆关注孔道,其强度应满足设计要求。
c) 浆材所有水泥、外加剂不得含有对锚索(杆)有腐蚀性的物质。

8.8.5 锚索(杆)隔离架应由钢、塑料或其他对钢绞线无害的材料制成,不应使用木质品。

8.8.6 在边开挖边锚固的施工部位,封孔灌浆 3 d 以内不应有爆破活动。3 d～7 d 内,爆破产生的质点振动速度不应大于 1.5 cm/s。

8.8.7 封锚时锚板外预应力钢绞线存留长度应满足设计要求,严禁使用电弧或乙炔焰切割。设计无规定时,不宜小于150 mm。

8.8.8 外锚头防护采用混凝土结构封锚时应按下列要求执行：
a) 预应力锚索(杆)张拉锁定后,锚头部分应涂防腐剂,再用混凝土封闭。锚索(杆)的外锚头防护,其混凝土强度等级、钢筋数量及规格均应符合设计规定。
b) 锚板、预应力钢绞线及其周围应清洗干净,结构混凝土面应凿毛并冲洗干净。
c) 环向锚索(杆)的锚具槽回填应在混凝土壁面凿毛并清洗干净、过槽钢筋恢复后,采用与结构混凝土相同强度等级的无收缩混凝土进行回填、养护。
d) 封锚混凝土施工应按照相关规定执行。

8.8.9 外锚头防护采用金属防护罩封锚时应按下列要求执行：
a) 无粘结锚索外锚头防护可采用可拆卸金属防护罩加注防腐油脂。
b) 金属防护罩的材质、结构尺寸应符合设计要求。
c) 防腐油脂不得含对锚头有腐蚀性的物质。

9 格构锚固工程施工

9.1 一般规定

9.1.1 格构锚固工程宜先施工锚杆(管),后施工浆砌石格构或钢筋混凝土格构。

9.1.2 格构锚固工程施工前应将坡面清理平顺,坡面密实,无松石、表层溜滑体和蠕滑体。

9.1.3 格构锚固工程施工前应先进行临时排水设施施工。临时排水设施应满足暴雨、地下水的排放要求,有条件时宜结合永久性排水工程施工。

9.1.4 应检查原材料和施工设备的主要技术性能是否符合设计要求。

9.1.5 格构施工前应进行合理放线,确保锚杆(管)位置正确并置于纵横格构交点中心。

9.1.6 格构与坡面应接触紧密,不得留有空隙。

9.1.7 锚杆(管)杆体制备、钻孔、注浆和张拉锁定等应符合本规范第 8 条的相关规定。

9.2 浆砌石格构

9.2.1 浆砌块石格构应按设计要求的深度嵌置于坡面中,设计无要求时,嵌置深度应不小于格构截面高度的 2/3。

9.2.2 格构可采用毛石或条石砌筑,毛石最小厚度应大于 150 mm,强度应不小于 MU30,砂浆的强度应不低于 M7.5。

9.2.3 格构采用石料表面应干净无泥,错缝砌筑。砌筑时应坐浆挤紧,嵌缝后砂浆应饱满,无空洞现象。

9.2.4 格构连接处,所用石料应横竖错开搭配。

9.2.5 格构外观应砌体牢固,边缘顺直,勾缝平顺,缝宽均匀,无脱落现象。

9.2.6 每隔 10 m~25 m 宽度应设置伸缩缝,缝宽 20 mm~30 mm,填塞沥青麻筋或沥青木板。

9.2.7 减载和压脚工程中的浆砌石格栏施工应参照本节执行。

9.3 钢筋混凝土格构

9.3.1 岩石坡面内嵌式格构等构件的成槽宜用风镐凿打,对硬质岩石宜用手提式切割机切缝后凿打成型。

9.3.2 混凝土与土坡或软质岩石接触面应有刷浆(抹灰)等隔离措施。

9.3.3 钢筋绑扎时应按图纸要求定好箍筋位置再绑扎,箍筋接头应错开,绑扎好后的钢筋应按设计要求垫好垫块。

9.3.4 钢筋安装可利用相邻锚杆(管)进行固定,与岩土层接触面可用铁马筋架空。钢筋外侧应安放混凝土垫块或使用短钢筋点焊固定,钢筋在混凝土浇筑时应跟踪检查。

9.3.5 支模时应按图纸严格控制尺寸和标高。模板应注整齐和稳定,其底部与基础接触应紧密。

9.3.6 混凝土浇筑过程中,需留设施工缝时,应置于两相邻锚杆(管)作用的 1/3 范围内,甩槎处用模板挡好,留成直槎。

9.3.7 对采用逆作法施工的结构工程,上下段混凝土间应留后浇带,采用膨胀混凝土浇筑,混凝土养护 3 d 后切除多余斗口混凝土,并抹灰处理,抹灰线应平直美观。

10 抗滑挡墙工程施工

10.1 一般规定

10.1.1 抗滑挡墙工程应根据设计实地定位放线,打桩标定挡墙轴线,向墙外稳定位置引控制桩或龙门桩,做好标志并加以保护。

10.1.2 重力式(浆砌石、混凝土)挡墙的施工工艺流程见附录 A.6。

10.1.3 挡墙基槽开挖施工应符合下列规定:
  a) 基槽开挖前应做好施工区地表排水工作。
  b) 宜采取先两端后中间、分段、跳槽、马口开挖,跳槽开挖的长度不宜超过总长度的 20 %。
  c) 开挖一段后应及时砌筑和回填一段,不应冒进或中途停止施工。
  d) 挡墙基底沿纵向有斜坡时,基底纵坡应不大于 10 %,否则应将基底凿成台阶,台阶高度不应大于 0.6 m,每台阶长度应大于 2.0 m。
  e) 基础底面应严格按设计要求做成反坡,严禁做成顺坡。
  f) 黏性土地基应夯填 50 mm 厚砂石垫层。
  g) 挡墙基槽达到设计尺寸要求后,应清除槽底表面的杂物,排干积水。

10.1.4 每段基槽开挖完成后应及时组织验槽。若基底土质与设计情况有出入时,应记录实际情况并取样,及时提请设计变更。

10.1.5 基槽放坡与临时支护应符合设计要求,设计无要求时,可按本规范第11.1.4条和第13章的相关规定实施;

10.1.6 施工期间应对滑坡及开挖边坡进行施工期间的变形监测。

10.1.7 挡墙泄水孔孔径尺寸、排水坡度应符合设计要求,并应排水通畅,排水孔处墙后应设置反滤层。当设计无规定时,施工应符合下列规定:

   a) 应沿墙高和墙长设置泄水孔,其间距宜为2.0 m～3.0 m,浸水地挡墙宜为1.0 m～1.5 m,上下交错布置。
   b) 最下一排泄水孔应高出施工后的实际地面线0.3 m。
   c) 孔底纵坡应向墙外倾斜3%～5%。
   d) 泄水孔与土体间铺设长宽各为300 mm、厚200 mm的卵石或碎石作反滤层。

10.1.8 各类挡墙施工时,应根据设计图的分段长度,结合墙址实际地形、水文、地质变化情况,设置沉降缝和伸缩缝,并符合下列规定:

   a) 沉降缝和伸缩缝可合并设置。
   b) 当设计无要求时,重力式挡墙的伸缩缝间距宜为10 m～15 m,悬臂式和扶壁式挡墙的伸缩缝间距宜为10 m～20 m。
   c) 挡墙高度突变、平面折线或基底地质、水文地质变化处,应设置沉降缝。
   d) 沉降缝、伸缩缝的缝宽应整齐一致,上下贯通。当墙身为圬工砌体时,缝的两侧应选用平整石料砌筑,形成竖直通缝。当墙身为现浇混凝土时,应待前一段的侧模拆除后,安装沉降缝、伸缩缝的填塞材料,再浇筑相邻的下一段墙体。
   e) 沉降缝、伸缩缝的宽度宜为20 mm～30 mm。沿墙的内、外、顶三边缝内,用沥青麻絮、涂以沥青的木板或刨花板、塑料泡沫、渗滤土工织物等具有弹性的材料填塞,填入深度不宜小于0.15 m。
   f) 钢筋混凝土挡墙在沉降缝或伸缩缝处的水平钢筋应截断。

10.1.9 砌筑挡墙时,可采用两面立杆挂线或样板挂线的方法加强墙形校准。外面线应顺直整齐,逐层收坡;内面线可大致顺直。应保证砌体墙形和各部尺寸符合设计要求,砌筑中应经常校正线杆。

10.1.10 在高含盐地层中进行抗滑挡墙工程施工时,应采取措施控制或减少地下水中硫酸盐、氯盐对混凝土及钢筋的腐蚀:

   a) 应采用抗硫酸盐腐蚀的水泥,配制大掺量或较大掺量矿物掺和料的低水胶比混凝土,且宜复合使用矿物掺和料。
   b) 混凝土中掺加聚丙烯纤维,加强养护,控制混凝土裂纹的发生和发展。
   c) 对埋入最高地下水水位以下的混凝土结构做防水处理。
   d) 做好挡墙基础及墙体的排水处理,降低地下水位,并在结构表面受地下水影响的部位设置防水层。
   e) 配置钢筋时,在混凝土中掺加阻锈剂,其品种和掺量应通过试验确定。

10.1.11 在季节性冻土及多年冻土施工抗滑挡墙工程时,应采取措施控制或减少地下水中硫酸盐、氯盐对混凝土及钢筋的腐蚀:

   a) 墙后填土的填料宜采用非冻胀性土。
   b) 在墙踵板顶部间隔一定距离设置排水带,或设置纵横排水带,或在立墙底部与踵板结合处设置排水棱体,降低墙后地下水位和墙后填土的含水量。

10.2 浆砌石挡墙

10.2.1 浆砌石料的抗压强度及尺寸应符合设计要求。设计无要求时，其抗压强度不小于30 MPa，最小尺寸不应小于0.2 m。在冰冻及浸水地区，尚应具有耐冻和抗浸蚀性能。

10.2.2 挡墙基础砌筑施工应满足以下要求：
a) 基础砌筑石料宜按设计要求选用较大的毛石或条石。
b) 砌筑毛石基础的第一层块石应坐浆，并将大面向下，砌筑条石基础的第一层条石块应采用丁砌层坐浆砌筑。
c) 阶梯形条石基础，上级阶梯的条石应至少压砌下级阶梯的1/3。
d) 毛石基础的扩大部分为阶梯形时，上级阶梯的块石应至少压砌下级阶梯块石的1/2，相邻阶梯的毛石应相互错缝搭砌。

10.2.3 砌筑毛石挡墙施工应满足以下要求：
a) 毛石砌筑每层高度宜为300 mm~400 mm，墙身各层均应铺灰坐浆砌筑，灰缝饱满，严禁用先铺石后注浆的方法。转角及阴阳角外露部分应选用方正平整的毛石（俗称角石）互相拉结砌筑。
b) 毛石砌筑每0.7 m² 墙面应垂直墙面砌一块拉结石，水平间距应不大于2.0 m，上下左右拉结石应错开成梅花形，转角处应增设拉结石。
c) 填芯的块石应交错放置，缝隙过大时，铺浆后用小块石塞入，严禁块石间无浆直接接触，出现干缝、通缝。
d) 大、中、小毛石应搭配使用，形状不规则的块石应将其棱角适当加工后使用，石块上下皮竖缝应错开（不少于100 mm，角石不少于150 mm）。
e) 每砌完一层应校正轴线和找平。

10.2.4 砌筑条石挡墙施工应满足以下要求：
a) 砌筑用条石的宽度、厚度均不宜小于0.2 m，长度不宜大于厚度的4倍。
b) 条石砌筑应安放平稳，砂浆铺设厚度略高于灰缝宽度。
c) 条石砌体应上下错缝搭砌，宜采用同层内丁顺相间的砌筑形式，当中间部分用毛石填砌时，丁砌料石伸入毛石部分的长度不应小于0.2 m。
d) 条石砌体砌缝内砂浆应采用扁铁插捣密实，严禁先码条石再用砂浆灌缝。
e) 条石砌体每砌3~4层为一个分段高度，每段高度应校正轴线和找平。

10.2.5 砌筑砂浆施工应符合下列规定：
a) 砂浆稠度宜为30 mm~50 mm，当气候干湿变化时，应适当调整。
b) 在砌筑过程中，若需调整石料时，应将石料提起，刮去原有砂浆重新砌筑。严禁用敲击方法调整。

10.2.6 砌体施工每日连续砌筑高度不宜超过1.2 m，相邻工作段的高度差不宜大于4.0 m，工作段的分段位置宜设在伸缩缝、沉降缝处。

10.2.7 石砌体的转角处和交接处应同时砌筑。毛石砌筑需留槎时，至少应离开留转角或交接处1.5 m~2.0 m 的距离，接槎应作成阶梯式或马牙槎。

10.2.8 砌石挡墙勾缝施工要点：
a) 砌体勾缝除设计有规定外，一般可采用凸缝或平缝，浆砌较规则的块材时，可采用凹缝。
b) 勾缝前应开缝，将灰缝抠深30 mm~50 mm，用水冲净并保持缝槽内湿润，砂浆应分次向缝内填塞密实,勾缝砂浆标号应高于砌体砂浆,勾缝完毕砂浆初凝后应保持砌体表面湿润,养护时间不少于7 d。

10.2.9 毛石砌筑挡墙中埋设泄水孔时应将孔道抹面,清除孔内杂物,砌筑上层石时不应漏浆或掉渣在孔道内。条石砌筑挡土墙可在相邻条石间预留石缝作为泄水孔,缝宽20 mm~50 mm。

10.3 混凝土挡墙

10.3.1 现浇混凝土基础可根据现场地质情况和施工条件采取原槽浇筑,应按挡墙沉降缝分段,一次性连续浇筑。

10.3.2 混凝土挡墙浇筑施工要点:
 a) 现浇混凝土挡墙与基础的结合面,应按施工缝处理,即先凿毛,将松散部分的混凝土及浮浆凿除,并用水清洗干净,然后架立墙身模板。混凝土开始浇灌时,在结合面上刷水泥浆或铺1∶2水泥砂浆后再浇筑墙身混凝土。
 b) 当混凝土落差大于2.0 m时,应采用串筒输送混凝土入仓,从低处开始分层浇筑,分层振捣厚度不宜大于0.7 m。
 c) 毛石混凝土用毛石应选用坚实、未风化、无裂缝、洁净的石料,强度等级不低于MU30,毛石尺寸不应大于300 mm,表面污泥等应清洗干净。
 d) 毛石混凝土浇筑时,应先铺一层80 mm~150 mm厚混凝土打底,再铺上毛石,毛石插入混凝土约一半后,再浇灌混凝土填满所有空隙,再逐层铺砌毛石和浇筑混凝土。保持毛石顶部有不少于100 mm厚的混凝土覆盖层。所掺加毛石数量设计无规定时应控制不超过总体积的25%。
 e) 混凝土中毛石铺放应均匀排列,大面向下,间距应不小于100 mm,离开模板或槽壁距离不小于150 mm,毛石不应露于混凝土表面。
 f) 混凝土挡墙泄水孔宜选用刚度和强度好的管材进行预埋成型,保证外倾坡度。
 g) 混凝土挡墙沉降缝隔断材料应具有足够的强度,其厚度应有适当的预留压缩量。

10.3.3 墙体混凝土应连续浇筑完成,如间断,应按照施工缝进行处理,保证新混凝土与已浇筑混凝土黏结牢固。

10.3.4 当一次性浇筑的混凝土量较大时,宜按照《大体积混凝土施工规范》(GB 50496)的技术要求进行配合比设计和施工,降低混凝土浇筑体内外的温差,防止产生开裂。

10.3.5 混凝土浇筑完成初凝后,应及时养护,养护时间最少不应小于7 d。

10.4 扶壁式挡墙

10.4.1 基底应平整压实。在浇筑基础混凝土前,地基存在下列情况时,应进行处理:
 a) 地基表面为非黏性土或干土时,宜预先洒水润湿。
 b) 地基表面为过湿土时,应加铺厚度0.10 m以上的碎石垫层,并夯实。
 c) 地基为岩石时,除用水湿润外,需加铺厚度20 mm~30 mm的水泥砂浆。

10.4.2 底板钢筋绑扎时,应预埋高度不等的锚固钢筋,并与墙面板和扶壁竖向钢筋逐根对应焊接。

10.4.3 底板模板安装完成后,应对其平面位置、顶面标高、节点连接及纵横向的稳定性进行检查或加固。

10.4.4 扶壁式挡墙的混凝土以现浇为宜。应先浇筑底板(趾板及踵板)再浇筑扶壁或墙面板。当底板强度达到2.5 MPa后,应及时浇筑扶壁,减少收缩差。

10.4.5 墙面板混凝土及扶壁混凝土可同步浇筑,并应严格控制水平分层。

10.4.6 墙体混凝土的单次浇筑长度,宜控制在15.0 m左右,或按设计分段长度作为一个浇筑节段。浇筑工作应连续,并应在前层所浇混凝土初凝之前,将第二层混凝土浇筑完毕。

10.4.7 墙体混凝土浇筑完成后,墙顶应进行两次抹面,并适时压光或拉毛工艺。

10.4.8 混凝土浇筑完毕后,宜在10 h以内覆盖洒水养护。在夏季和有风的天气时,应立即覆盖,并在2 h~3 h后开始浇水湿润。

10.4.9 墙后填土应符合本规范第10.7条的规定。墙后填料时,运输机具和碾压机具应距扶壁不小于1.5 m,在此范围以内,宜采用人工摊铺,并配以小型压实机具进行碾压。

10.5 桩板式挡墙

10.5.1 桩板式挡墙的抗滑桩施工应符合设计要求和本规范第7条的有关规定。

10.5.2 采用现浇挡土板时,对于填方区域,桩柱与挡土板可同步施工;对于挖方区域,应先施工桩柱,后施工挡土板。

10.5.3 采用现浇挡土板时,应在桩身的挡土板部位预埋挡土板锚固钢筋;采用预制挡土板时,应在桩身设置预埋件,便于挡土板固定。

10.5.4 采用预制挡土板时,应按照抗滑桩→挡土板安装→填土的顺序施工。桩板墙桩身强度应达到设计强度后方可安放桩间挡土板,以及进行墙背填土或开挖桩前土体。

10.5.5 挡土板预制时,应符合下列规定:
a) 结合工地实际情况和预制数量,可分别采用固定胎模法、翻转模板法或者钢模板法预制。
b) 应保证挡土板钢筋的混凝土保护层厚度符合设计规定。
c) 预制挡土板构件宜平面堆放,其堆积高度不宜超过5块,板间宜用木材支垫,并应置于设计支点位置附近。在运输过程中,应轻搬轻放。

10.5.6 挡土板安装时,应符合下列规定:
a) 应竖直起吊,两头挂有绳索,以手牵引,对准桩柱两边画好的放样线,将挡土板正确就位,在板的两端和中部宜设斜撑支承,确保挡土板的稳定。
b) 桩柱之间的最下层挡土板底面应埋入地面下10 cm~20 cm。
c) 上下挡土板之间的安装缝宽度宜小于10 mm,当安装缝较大时,可用砂浆堵缝或沥青木板衬垫。
d) 同层面两相邻挡土板的接缝应基本顺直一致,高差不应大于5 mm。安装缝应均匀、平顺、美观。
e) 应防止与桩柱相撞。
f) 挡土板每安装1~2层后,在板后一定范围内可分层填料碾压,固定挡土板。
g) 挡土板顶面不整齐时,可用砂浆或现浇细石混凝土作顶面调整层。

10.5.7 挖方区现浇挡土板施工应符合下列规定:
a) 当桩柱混凝土强度达到设计强度的70%后,才能浇筑挡土板。
b) 桩后土体应分层开挖,每层开挖高度不大于2 m,开挖后应及时支模并浇筑挡土板,挡土板强度达到70%后,方可开挖下一层土体,以此循序渐进,直至结束。
c) 人工破除桩与挡土板相连部位护壁混凝土,人工打毛,挡土板水平钢筋采用植筋或预埋方式施工。
d) 挡土板水平钢筋与桩预留钢筋直径≥16 mm以上的,采用气压焊连接,上下挡土板之间的竖向钢筋小于16 mm的，采用绑扎连接。
   e) 挡土板施工采用逆作法工艺，施工顶部挡土板时预留φ48钢管在挡土板内，每边预留长度300 mm，每隔500 mm×500 mm预留一根钢管。

10.5.8 填方区现浇挡土板施工应符合《混凝土结构工程施工规范》（GB 50666）的有关规定。

10.5.9 桩间挡土板安装完毕后，应及时进行墙背反滤层（包）以及泄水孔施工，反滤层（包）应符合设计要求。

10.5.10 挡土板内侧1.5 m范围内的填料应采用人工摊铺、人工和小型压实机械分层压实，压实度应满足设计要求。其余部位的填土应符合本规范第10.7条的规定。

10.6 石笼挡墙

10.6.1 基底应平整压实，保证底层箱体水平安放。

10.6.2 箱体应逐层安放，层与层间箱体丁顺交错，上下搭接，不应出现"通缝"。错缝距离应符合设计要求。设计无要求时，在纵向上，与下层错开不宜小于1/4箱体长度；在横向上，与下层错开不宜小于20 cm，且剖面上的坡度应符合设计要求。

10.6.3 箱体充填石料时，应同时均匀地向同层各箱格内投料，并控制每层投料厚度在30 cm以下，一般1 m高网箱分4层投料为宜。不应将单格网箱一次性投满，造成鼓肚现象。

10.6.4 回填石料宜高出网箱5 cm~10 cm，且须密实，空隙处宜以小碎石填塞。

10.6.5 一层箱体施工完成后，宜将墙后填料及时填至与箱体顶相平后，再叠砌上一层网箱。墙后回填宜分层夯实，压实度不低于90%，每层厚度宜控制在20 cm左右。

10.6.6 箱体封盖时，应先使用封盖夹固定每端相邻结点后，再加以绑扎。封盖与箱体边框相交线，应每相隔25 cm绑扎一道。

10.6.7 箱体裸露外立面的回填石料应人工砌垒摆放整平，石料间应相互搭接嵌合且美观。

10.6.8 据环境或景观要求，对于高出常流水位的箱体封顶后，表层空隙可充填10 cm~20 cm厚的土壤。选择种植适宜的草或灌木并进行必要的后期养护。

10.7 墙后回填

10.7.1 填土施工前应做好以下准备：
   a) 将墙背的垃圾杂物清理干净。
   b) 做好控制填土的高度或厚度的水平标志。
   c) 墙后填土区原地面横坡陡于1:5时，应先铲除草皮和耕植土并开挖成台阶形后，再按设计要求填土。
   d) 墙身砌出基础后，基槽和墙背应及时回填夯实，并做成不小于5%的向外流水坡。

10.7.2 回填土料应符合设计要求。设计无要求时，应符合下列规定：
   a) 宜采用渗透性较强的块碎石土，块碎石含量宜为30%~50%。块碎石土最优含水量由现场碾压试验确定，含水量与最优含水量误差应小于3%。
   b) 黏性土填料施工含水量的控制范围，应在填料的最大干密度、含水量关系曲线中根据设计最大干密度确定，无击实试验条件时，最优含水量宜为塑限+2%。若含水量偏高，可采用翻松、晾晒、均匀掺入干土（或吸水性填料）等措施；若含水量偏低，可采用预先洒水润湿、增加压实遍数或使用大功能压实机械等措施。
   c) 淤泥、淤泥质土、碎块草皮和有机质含量大于8%的土不得用作填料。

d) 块碎石类土或石渣用作填料时,其最大粒径不应超过每层铺填厚度的2/3(当使用振动碾时,不应超过每层铺填厚度的3/4)。铺填时,大块料不应集中,且不应填在分段接头处或填方与山坡连接处。

10.7.3 填土施工应满足以下要求：
a) 回填时,混凝土及钢筋混凝土挡墙强度应达到设计强度的70%,砌筑砂浆强度达到设计强度的75%。
b) 回填时应先在墙前填土,然后在墙后填土。
c) 填土施工应连续进行,施工中应注意雨情,雨前应及时夯完已填土层或将表面压光,并做成一定坡势,以利排除雨水。
d) 填土应分层铺摊,每层铺土厚度应根据土质、密实度要求和夯实机具性能确定。蛙式打夯机每层铺土厚度为200 mm～250 mm,人工打夯不大于200 mm,每层铺摊后,随之耙平。
e) 填土每层至少夯打3遍,打夯应一夯压半夯,夯夯相接,行行相连,纵横交叉。严禁采用水浇使土下沉的所谓"水夯法"。
f) 分段填夯的交接处应填成阶梯形,梯形高宽比宜为1:2,上下层错缝距离不小于1.0 m。
g) 扶壁式挡墙回填土宜对称施工,并应控制填土产生的不良影响。

10.7.4 挡墙后反滤层施工应符合下列规定：
a) 墙背后应设置反滤层或滤水包。
b) 反滤层材料、级配和组合形式应按设计要求执行。反滤层应优选采用土工合成材料、无砂混凝土块或其他新型材料,砂夹卵石等。无砂混凝土块或砂夹卵石反滤层厚度不得小于0.3 m,墙背为膨胀土的反滤层厚度不得小于0.5 m。
c) 泄水孔、沉降缝和伸缩缝后反滤层铺设应自下而上与填土同时进行。
d) 泄水孔进水口底部隔水层材料宜选用黏性土夯实,其厚度不宜小于0.3 m,底排泄水孔进水口的底部应满铺,其他泄水孔隔水层的长度和宽度不宜小于0.8 m。

11 其他防护工程施工

11.1 削方减载工程

11.1.1 削方减载工程施工前应做好下列准备：
a) 施工前应熟悉滑坡勘查设计资料,了解滑坡地形、地貌及滑坡迹象等情况。
b) 在施工区域内,有碍于施工的既有建(构)筑物、道路、管线、沟渠、塘堰、墓穴、树木,以及青苗果木赔偿、移民等,应在施工前妥善处理。
c) 收集或者实测现状地形图,由专业测量人员定位放线,做好断面测制和控制桩。
d) 对危及场内施工安全的危岩、险石等做出妥善处理。
e) 选取弃土场地和合理的运输路线,必要时加宽、加固进出场的道路和桥涵。

11.1.2 在有地上或者地下管线及设施的地段进行削方减载施工时,应事先取得相关管理部门或单位的同意,并在施工中采取保护措施。

11.1.3 削方减载施工时应符合下列规定：
a) 施工前应做好地面和地下排水设施,上边坡作截水沟,沟壁沟底应有防渗措施,防止地表水渗入滑体,不得破坏开挖上方坡体的自然植被和排水系统。
b) 在施工过程中应设置位移观测点,定时观测滑坡体水平位移和沉降变化,并做好记录,当出现位移突变或滑坡迹象时应立即停止施工,必要时所有人员和机械撤至安全地点。

   c) 应遵循由上至下的开挖顺序,严禁在滑坡的抗滑段通长大断面开挖,严禁先切除坡脚,逐段分层开挖高度不宜超过3.0m,随时将坡面削成稳定坡度。削方减载后形成的边坡高度大于8.0m时,应分级开挖分级护坡,禁止一次开挖到底。
   d) 严禁在不利于滑坡、边坡稳定的区域内临时弃土、堆放材料、停放施工机械或搭设临时措施。
   e) 石方开挖应根据岩石的类别、风化程度和节理发育程度等确定开挖方式。对软质岩石和强风化岩,可采用机械开挖或者人工开挖,对于坚硬岩石应采取控制爆破开挖,防止因爆破影响滑坡稳定。
   f) 不宜在雨期施工。

11.1.4 土方开挖的坡度应符合下列规定:
   a) 永久性挖方边坡坡度应符合设计要求。当工程地质与设计资料不符,需修改边坡坡度或者采取加固措施时,应由设计单位确定。
   b) 临时性开挖边坡坡度应根据工程地质和开挖边坡高度要求,结合当地同类土体的稳定坡度确定,当无经验时,可参考表4执行。

表4 临时性挖方边坡坡度参考值(土质)

土体类别	状态	边坡坡度(高宽比)	
		坡高小于5 m	坡高5 m～10 m
碎石土	密实	1:0.35～1:0.50	1:0.50～1:0.75
	中密	1:0.50～1:0.75	1:0.75～1:1.00
	稍密	1:0.75～1:1.00	1:1.00～1:1.25
黏性土	坚硬	1:0.75～1:1.00	1:1.00～1:1.25
	硬塑	1:1.00～1:1.25	1:1.25～1:1.50

注1:表中碎石土的充填物为坚硬或硬塑状态的黏性土。
注2:对于砂土回填或者充填物为砂石的碎石土,其边坡坡率允许值应按照自然休止角确定。

11.1.5 爆破施工按《土方与爆破工程施工及验收规程》(GB 50201)的有关规定执行,并应编制专项施工方案,报公安部门批准后实施。

11.2 回填压脚工程

11.2.1 回填压脚的填料宜就地取材,可采用风化岩石、碎石类土、黏性土、碎石料、条石、块石、矿渣等。

11.2.2 应选取合理的运输路线,将填料运输至滑坡坡脚堆填碾压。当滑坡坡脚分布有有碍于机械施工的既有建(构)筑物、架空线路等时,可采取人工搬运沙袋、土袋、条石等至坡脚堆填。

11.2.3 回填压脚施工应按从滑坡坡脚的中间向两侧、自下而上的顺序进行,每一层填土施工完成后应进行相应技术指标的检测,质量检验合格后方可进行下一层填土施工。

11.2.4 当回填压脚方案用于滑坡应急抢险时,可在滑坡坡脚快速堆填,迅速控制滑坡体破坏进程,延缓滑动趋势。当用于永久性抗滑工程,回填压脚应逐层堆填碾压。

11.2.5 填方基底的处理应符合设计要求。设计无要求时,应符合下列规定:

a) 在水田、沟渠或池塘上填方时,应根据实际情况采用排水疏干、挖除淤泥或抛填块石、砾砂、矿渣等方法处理后,再进行堆填。
b) 当填方基底为耕植土或松土时,应将基底碾压或夯填密实。
c) 坡度陡于1∶5时,应将基底挖成台阶,台阶面内倾,台阶高宽比为1∶2,台阶高度不应大于1.0 m。
d) 当滑坡前缘有渗水时,应设置盲沟将渗水引出填筑体外。

11.2.6 填方土石料应符合设计要求。设计无要求时,应符合下列规定:

a) 不同土类应分别经过击实试验测定填料的最大干密度和最佳含水量,填料含水量与最佳含水量的偏差控制在±2%范围内。
b) 填料为黏性土时,回填前应检验其含水量是否在控制范围内,当含水量偏高,可采用翻松、晾晒、均匀掺入干土或者生石灰等措施,当含水量偏低,可采用预先洒水润湿、增加压实遍数或使用大功能压实机械等措施。
c) 填料采用碎块石类土时,碎块石含量宜为30%~50%,碎石类土、石渣的最大粒径不应超过每层铺填厚度的2/3,当使用振动碾时,不应超过每层铺填厚度的3/4。
d) 淤泥和淤泥质土不能用作填料,碎块草皮和有机质含量大于8%的土,仅用于无压实要求的填方。

11.2.7 填料碾压施工应符合下列规定:

a) 填料为爆破石渣、碎块石类土、杂填土或粉土的大型填方,宜选用振动平碾,填料为粉质黏土或黏土时,宜选用振动凸块碾。
b) 碾压机械压实填方,轮迹应相互搭接,防止漏压。行驶速度,不宜超过下列规定,即平碾和振动碾:2.0 km/h,羊足碾:3.0 km/h。
c) 填方每层铺土厚度和压实遍数应根据土质、压实系数和机具性能确定,或按照表5选用。使用80 kN~150 kN重的振动平碾压实爆破石渣或碎块石类土时,铺土厚度不宜大于1.0 m,宜先静压、后振压,碾压遍数应由现场试验确定,一般为6~8遍。

表5 填方每层的铺土厚度和压实遍数

压实机具	每层铺土厚度/mm	每层压实遍数/遍
平碾	200~300	6~8
羊足碾	200~350	8~16
蛙式打夯机	200~250	3~4
人工打夯	≤200	3~4

d) 分段填筑时,每层接缝处应作成斜坡形,碾迹重叠0.5 m~1.0 m。上、下层接缝应错开不小于1.0 m。
e) 填方中采用两种透水性不同的填料分层填筑时,上层宜填筑透水性较小的填料,下层宜填筑透水性较大的填料,填方基土表面应作成适当的排水坡度,边坡不应用透水性较小的填料封闭。如因施工条件限制,上层应填筑透水性较大的填料时,应将下层透水性较小的土层表面作成适当的排水坡度或设置盲沟。

11.2.8 填方施工中边坡处理应符合以下要求:

a) 永久性填方的边坡坡度应按设计要求施工。

b) 使用时间超过一年的临时性填方边坡坡度：当填方高度在8.0 m以内，可采用1:1.5；高度超过8.0 m，可作折线形，上部采用1:1.5，下部采用1:1.75。
c) 采用机械填方时，应保证边缘部位的压实质量。填土后，如设计不要求边坡修整，填方边缘宜宽填0.5 m；若设计要求边坡整平拍实，宜宽填0.2 m。

11.2.9 库（江）水位变动带的回填压脚工程应设置反滤层和采用防冲刷措施。坡面可采用干砌石护坡，并结合石笼、水下抛石压脚等措施。

11.2.10 采用土工布或土工格栅加筋的回填压脚工程施工时应符合下列规定：

a) 填料应优先选用渗水性较好的砂土、碎石土，严禁使用泥炭、淤泥、盐渍土及硬质岩渣等。粗粒料中不得含有尖锐的棱角，并禁用羊角碾进行碾压。当采用黄土、黏性土等作填料时，应做好防水、排水设施并确保压实质量。
b) 填料填筑和筋带铺设等工序可交替进行。当回填压脚区较长、工作面开阔时，可采用流水作业法施工。
c) 施工中应检验校核填料与筋带的实际似摩擦系数是否与设计相符。
d) 土工布或土工格栅应将强度高的方向垂直于填方区坡面（平行于最大受力方向）铺设，回折长度应符合设计要求。土工布或土工格栅应拉直、拉紧，不得有卷曲、扭结。铺设完成后，宜适当固定，并及时填筑上层填料。
e) 土工布或土工格栅底面的填料平整密实。
f) 分层压实厚度应按筋带层的竖向间距适当调节，每层厚度不应大于0.2 m。
g) 所有机械行驶方向应与筋带垂直，并不得在未覆盖填料的筋带上行驶。
h) 填料碾压时，应先轻后重，不得在未经压实的填料上急剧改变运行方向和急刹车。
i) 碾压填料应先从筋带长度的1/2处开始，向筋带尾部碾压，然后再从筋带1/2处向前缘碾压，第一遍速度宜慢，第二遍以后速度可稍快。
j) 碾压过程中，应随时检查土质和含水量变化情况。

11.3 抗滑键工程

11.3.1 抗滑键工程施工应按照设计要求，可选用冲击回转成孔、旋挖成孔或人工挖孔。

11.3.2 采用冲击回转成孔或旋挖成孔时，宜采用泥浆护壁浇筑水下混凝土，并应符合本规范第7.3条的相关规定。

11.3.3 采用人工挖孔抗滑键时，应符合本规范第7.2条的相关规定。

11.3.4 抗滑键强度达到设计要求后，应及时对上部空腔部分进行回填。

11.4 植物防护工程

11.4.1 挖方、填方边坡的植物防护施工应在边坡开挖、回填或加固整修达到设计要求后方可进行。

11.4.2 坡面在喷播前，应对浮石、危石、浮根、杂草、污淤泥和杂物进行清理，对坡面转角处及坡顶的棱角进行修整；对存在渗水的坡面，应设置引排措施。

11.4.3 三维植被网防护施工应符合下列规定：

a) 应紧贴坡面由坡顶至坡脚将三维植被网铺开，网的顶端固定于坡顶，相邻两卷互相搭接，搭接长度应不小于10 cm。挖方边坡三维网在坡顶应延伸一定距离，并埋入坡顶平台的土中。填方边坡三维网在坡顶应延伸约50 cm，并埋入土中。应采用U型钉进行固定，并将上下沟槽回填、夯实。铺设时网状面朝上，顺坡铺设，在铺网时严禁将网拉紧。

b) 覆土应选用含腐殖土的肥沃土壤,对贫瘠土应添加腐熟的有机肥、泥炭土或肥料等提高肥力。应分层填土并充分淋水自然沉降,稳定至网包不外露为止。

c) 应采用液压喷播机将基材混合物均匀喷洒在坡面上,基材混合物分两次喷射,先喷射不含种子的基材混合物,后喷射含有种子的基材混合物,种子基材层厚度宜为 1.5 cm～2 cm。

d) 部分灌木种子宜在喷射混植土中掺入,一般在喷射混植土时直接植于土层中,灌木种子植物密度成苗数每平方米不小于 3 株。

e) 混合基材含有物种和草本植物用种量应严格按照设计要求进行配置,一般可根据发芽率高低、喷播季节和环境、建植目标群落的不同适当增减。

f) 喷播完成后可视情况撒铺少许土壤,盖上无纺布,保温,保湿,促进种子发芽。

11.4.4 土工格室植草防护施工应符合下列规定:

a) 应按设计位置对固定钉或锚杆进行放样、钻孔,成孔后应将弯制好并防锈处理完毕的固定钉或锚杆打入孔内,宜先坡顶施工再坡脚施工。

b) 固定钉或锚杆设置完毕后,应立即开始悬挂土工格室。悬挂时应注意各单元对齐并扭紧连接螺栓,同时应使土工格室张开并紧贴坡面。

c) 土工格室固定好后向格室内回填客土。客土应选择种植土,严禁使用掺杂石块、砂砾的土源。充填前可适当湿润土体使之成团有利于施工。充填时应自上而下逐层进行,充填时应使每个格室中的客土密实、饱满,并高出格室表面 1 cm～2 cm。

d) 喷播程序和要求应按本规范第 11.4.3 条执行。

11.4.5 格构植草防护施工应符合下列规定:

a) 格构施工应符合本规范第 9 条的相关规定。

b) 格构施工完成后应立即回填客土。回填时应使用震动板使之密实,靠近表面使用潮湿黏土回填。

c) 可根据坡面情况增设三维植被网。

d) 喷播程序和要求应按本规范第 11.4.3 条执行。

11.4.6 生态袋防护施工应符合下列规定:

a) 将拌好的精筛客土装填在生态袋内,应装满填实,并用扣口带封好。装好的袋应当天垒完,如遇降雨应进行遮盖处理。

b) 垒砌时袋体内填充客土应均匀充满袋体。袋体应摆放平整,由低到高,层层错缝,袋与袋之间相接紧密。缝线应朝向坡内,同层生态袋扎口方向应一致摆放。

c) 在铺好的生态袋上面将排水联结扣骑缝放置于两袋之间的接缝上,使每一个排水联结扣骑跨两个生态袋,再用钉锤将排水联结扣下侧棘爪(基础袋下联结扣反置)敲击刺穿生态带的中腹正下面。

d) 每垒砌垂直高度 2 m 应进行预沉降,预沉降一般不少于 1 d,且应进行人工压实处理。

11.4.7 植物防护施工完成后,应对植被进行维护,包括覆盖遮阳、喷水、施肥、病虫害防治、杂草防除、修剪与补植、基材维护等,达到植被能在坡面生长、物种丰富度较高并有较强固土护坡效果的草灌结合型或草灌乔结合型生态边坡的目标。

12 施工安全监测

12.1 一般规定

12.1.1 滑坡防治工程施工安全监测应采用先进和经济适用的方法技术,有条件时应与防治效果监测结合实施。

12.1.2 施工安全监测方案应包括下列内容：
  a) 工程概况。
  b) 滑坡基本特征、变形情况、稳定状况及滑坡周边环境。
  c) 监测目的和依据。
  d) 监测内容及项目。
  e) 基准点、监测点的布设与保护。
  f) 监测方法及精度。
  g) 监测期和监测频率。
  h) 监测报警及异常情况下的监测措施。
  i) 监测数据处理与信息反馈。
  j) 监测人员的配备。
  k) 监测仪器设备及检定要求。
  l) 作业安全及其他管理制度。

12.1.3 下列滑坡的施工安全监测方案应进行专门论证：
  a) 正在变形的滑坡。
  b) 雨季施工的滑坡。
  c) 采用隧洞排水的滑坡。
  d) 以人工挖孔抗滑桩为主的滑坡。
  e) 已发生严重事故并重新组织施工的滑坡。
  f) 其他需要论证的滑坡防治工程。

12.1.4 监测单位应及时处理、分析监测数据，并将监测结果和评价及时向建设单位及相关单位作信息反馈，当监测数据达到监测报警值时应立即通报建设单位及相关单位。

12.2 监测项目

12.2.1 滑坡防治工程施工安全监测应采用仪器监测与巡视监测相结合的方法。

12.2.2 滑坡防治工程施工安全监测的对象应包括：
  a) 施工中和已完成的抗滑结构。
  b) 地下水状况。
  c) 抗滑结构上部滑体。
  d) 抗滑结构上部滑坡区内既有建(构)筑物。
  e) 滑坡区主要裂缝。
  f) 气象条件(降雨和气温)。
  g) 其他应监测的对象。

12.2.3 滑坡防治工程施工安全的监测项目应与滑坡防治工程结构、施工方案相匹配。应针对监测对象的关键部位，做到重点观测、项目配套并形成有效的和完整的监测系统。

12.2.4 滑坡防治工程仪器监测项目应根据表6进行选择。

表6 滑坡防治工程仪器监测项目表

监测项目	滑坡防治工程等级		
	Ⅰ	Ⅱ	Ⅲ
抗滑桩、挡墙等支挡结构顶部水平位移	应测	应测	应测
抗滑桩、挡墙等支挡结构顶部竖向位移	应测	应测	应测
地下水位	应测	宜测	可测
滑坡体水平位移	应测	应测	应测
滑坡体竖向位移	应测	应测	应测
滑坡地表主要裂缝	应测	应测	应测
气象条件(降雨和气温)	应测	应测	宜测

注1：滑坡防治工程等级划分按照现行国家标准《滑坡防治工程设计与施工技术规范》(DZ/T 0219)执行。
注2：抗滑桩、挡墙等支挡结构是指已完成的。

12.2.5 滑坡防治工程施工期内，每天均应由专人进行巡视检查。巡视检查宜包括以下内容：
 a) 滑坡区原有裂缝的变化情况。
 b) 已完成的抗滑桩、挡墙等支挡结构有无变形。
 c) 正在施工的抗滑桩护壁有无变形。
 d) 抗滑桩、挡墙等支挡结构上部滑坡区有无新增裂缝和滑移现象出现。
 e) 抗滑桩孔、挡墙基坑周边有无超载。
 f) 滑坡区房屋有无新增裂缝出现。
 g) 滑坡区道路有无裂缝、沉陷。
 h) 监测点及监测设施是否完好。
 i) 根据设计要求或当地经验确定的其他巡视检查内容。

12.2.6 巡视检查宜以目测为主，可辅以锤、钎、量尺、放大镜等器具以及摄像和摄影等设备进行。

12.2.7 对巡视检查的情况应做好记录，及时整理，并与仪器监测数据进行综合分析。如发现异常和危险情况，应及时通知建设方及其相关单位。

12.3 监测点布置

12.3.1 滑坡防治工程施工安全监测点应布置在滑坡体稳定性差，或工程扰动大的部位，以及结构内力、变形关键特征点上，并应能反映监测对象的实际状态及其变化趋势。

12.3.2 对于抗滑桩结构工程，在每排桩的中部及两端桩位的锁口上应布置水平和竖向位移监测点，每排桩的监测点数量不宜少于3个，监测点的水平间距不宜大于30 m。

12.3.3 对于抗滑挡墙工程，在每级挡墙的开挖基坑后部坡顶中部、阳角处应布置水平和竖向位移监测点。监测点的水平间距不宜大于20 m，每级挡墙的监测点数目不宜少于2个。

12.3.4 对于布置有锚索(杆)的滑坡防治工程，必要时应对锚索(杆)的锚头布置监测点。

12.3.5 滑坡变形监测剖面应沿主滑方向布置，并穿过滑坡的不同变形地段，两端应进入稳定的岩土体。监测剖面应充分利用勘探剖面和稳定性计算剖面，充分利用钻孔、平硐、竖井、抗滑桩孔等勘探或施工工程。监测剖面的数目应根据滑坡的规模、变形特征综合确定，并组合成监测网。每条纵向监测剖面上的监测点不宜少于3个。

12.3.6 滑坡地表裂缝、建（构）筑裂缝监测点应选择有代表性的裂缝进行布置，当原有裂缝增大或出现新裂缝时，应及时增设监测点。对需要监测的裂缝，每条裂缝的监测点应至少设1个，且宜设置在裂缝的最宽处。必要时可在裂缝末端增加监测点。

12.4 监测方法及精度

12.4.1 监测方法的选择应根据滑坡类型、变形特征、设计要求、场地条件、当地经验和方法适用性等因素综合确定，监测方法应合理易行。

12.4.2 对同一监测项目，监测时宜符合下列要求：
 a) 采用相同的观测方法和观测路线。
 b) 使用同一监测仪器和设备。
 c) 固定观测人员。
 d) 在基本相同的环境和条件下工作。

12.4.3 测定特定方向上的水平位移时，可采用视准线法、小角度法、投点法等。测定监测点任意方向的水平位移时，可根据测点的分布情况，采用前方交会法、后方交会法、极坐标法等。当测点与基准点无法通视或距离较远时，可采用GPS测量或三角、三边、边角测量与基准线法相结合的综合测量方法。

12.4.4 监测项目初始值应为事前至少连续观测3次的稳定值的平均值。

12.4.5 水平位移监测精度宜不低于2.0 mm。

12.4.6 竖向位移监测精度宜不低于2.0 mm。

12.4.7 竖向位移监测点应为水准基准点或工作基点组成闭合环路或附合水准路线。

12.4.8 裂缝监测应监测裂缝的位置、走向、长度、宽度，必要时尚应监测裂缝深度。

12.4.9 裂缝监测可采用以下方法：
 a) 裂缝宽度监测可在裂缝两侧贴石膏饼、划平行线、埋设监测桩或贴埋金属标志等，用千分尺或游标卡尺等直接量测，也可用裂缝计、粘贴安装千分表量测或摄影量测等。
 b) 裂缝长度监测宜采用直接量测法。

12.4.10 裂缝宽度、长度和深度的量测精度宜不低于2.0 mm。

12.4.11 地下水位监测宜通过孔内设置水位管，采用水位计进行量测，其量测精度宜不低于10 mm。

12.5 监测频率

12.5.1 监测频率应以能系统反映监测对象所测项目的重要变化过程，且不遗漏其变化时刻为原则。

12.5.2 施工安全监测工作应贯穿于滑坡防治工程施工全过程。监测工作一般应从滑坡防治工程施工前开始，直至全部工程完成为止。

12.5.3 监测频率应符合设计要求。设计无要求时，正常情况下宜每天1次。当主体工程完成或监测值相对稳定时，可适当降低监测频率。

12.5.4 当出现下列情况之一时，应提高监测频率：
 a) 滑坡整体变形加剧或施工区周边的滑坡块体变形加剧。
 b) 监测数据达到报警值。
 c) 监测数据变化较大或频率加快。

d) 存在勘查未发现的滑面或软弱带。
   e) 桩孔护壁出现变形、裂缝或挡墙出现开裂。

12.5.5 当有危险事故征兆时,应实时跟踪监测。

13 施工安全与环境保护

13.1 施工安全

13.1.1 编制安全施工方案时,根据项目的特点,应开展危险源辨识、风险评价和风险控制活动,编制应急救援预案。对不可接受的施工安全风险,应制订目标、指标及管理方案等应对措施。

13.1.2 操作人员应经过安全教育后进场。施工过程中应定期召开安全工作会议及开展现场安全检查工作。

13.1.3 应实行逐级安全技术交底制度。开工前,技术负责人应将工程概况、施工方法、安全技术措施等向全体施工人员进行详细交底;施工队长、工长应按工程进度向有关班组进行作业的安全交底;班组长每天应向班组进行施工要求和作业环境的安全交底。

13.1.4 对空压机、钻机、喷浆机、搅拌机、混凝土泵、起重机、注浆泵、油泵、千斤顶等特种机具设备操作的人员,应要经过专业培训,经考核合格后才能持证上岗,并应遵守操作规程。

13.1.5 施工临时用电应符合现行行业标准《施工现场临时用电安全技术规范》(JGJ 46)的规定。

13.1.6 焊、割作业点,氧气瓶、乙炔瓶、易燃易爆物品的距离和防火要求应符合有关规定。

13.1.7 施工现场应设置警戒线,现场内危险区域应设置安全警示标志,禁止一切非施工人员和车辆进入施工场地。

13.1.8 临时设施建设应符合下列安全规定:
   a) 不宜在滑坡体上设置材料堆场及办公生活区。确需在滑坡体上设置材料堆场及办公生活区时,应论证其安全性及对滑坡体的影响。
   b) 临时设施及辅助施工场所应采取环境保护措施,减少占地和生态环境破坏。
   c) 施工区周边的行人、车辆运输频繁的交叉路口,应悬挂安全指示标牌,在火车道口两侧应设落杆。
   d) 各种料具应按照总平面图规定的位置,按品种、分规格堆放整齐。
   e) 工地应将施工作业区与生活区分开设置。

13.1.9 冬雨季施工应符合下列安全规定:
   a) 工地应该按照作业条件针对季节性施工的特点,制订相应的安全技术措施。
   b) 雨季施工应考虑施工作业的防雨、排水及防雷措施。
   c) 冬期施工应采取防滑、防冻措施。作业区附近应设置的休息处所和职工生活区休息处所,一切取暖设施应符合防火和防煤气中毒要求。
   d) 如遇大雪、浓雾、六级以上(含六级)强风等恶劣气候,严禁露天起重吊装和高处作业。

13.1.10 沟槽(基槽)开挖施工应符合下列安全规定:
   a) 沟槽坡顶的堆土距离沟槽边缘应有足够的安全距离,防止沟槽边缘坍塌、槽边土的剥落和槽边土的整体滑坡。
   b) 沟槽放坡坡度应满足安全及规范要求,必要时应采取措施进行临时支护。
   c) 沟槽开挖时及开挖后,应在沟槽周围临边设置明显的警示标志和围挡设施。
   d) 施工机械离边坡应有一定的安全距离,以防塌陷造成翻机事故。机械开挖过程中,现场安全员应时刻检查,不得有人员在机械作业半径内。
- e) 对于深沟槽坡顶堆土距离应不小于3 m,堆土高度不大于5 m。施工现场应安排专职安全员检查观望,发现土体裂缝或其他险情立即通知沟槽内作业人员迅速离开。
- f) 沟槽深度大于2 m时,每施工段设置两道安全扶梯。

13.1.11 排水隧洞施工中作业环境应符合下列卫生标准:
- a) 坑道中氧气含量按体积计不应小于20%。
- b) 坑道内气温不宜高于30 ℃。
- c) 有害气体浓度:一氧化碳(CO)一般情况下不应大于30 mg/m^3,二氧化碳(CO_2)按体积计不应大于0.5%,氮氧化物(NO_2)应在5 mg/m^{3}以下,甲烷(CH_4)按体积计不应大于0.5%。
- d) 空气中含10%以上游离二氧化硅(SiO_2)的粉尘,不应大于2 mg/m^3,含10%以下游离二氧化硅(SiO_2)的矿物性粉尘,不应大于4 mg/m^3。
- e) 噪声不宜大于90 dB。

13.1.12 人工挖孔抗滑桩的施工应符合下列安全规定:
- a) 监测与施工同步进行,当滑坡出现险情,并危及施工人员安全时,应及时通知人员撤离。
- b) 孔口四周应设置安全护栏,护栏高度不宜低于1.2 m。使用的电葫芦、吊笼应安全可靠,并配有自动卡紧保险装置,不得使用麻绳和尼龙绳吊挂或脚踏井壁凸缘上下。孔内有重物起吊时,应有联系信号,统一指挥,升降设备应由专人操作。
- c) 井下工作人员应戴安全帽,且不宜超过2人。
- d) 每日开工前应检测井下的有害气体,孔深超过10 m时,或者10 m内有CO、CO_2、NO、NO_2、CH_4及瓦斯等有害气体并且含量超标或氧气不足时,均应使用通风设施向作业面送风,风量不宜小于25 L/s。井下爆破后应向井内通风,待炮烟粉尘全部排除后,方能下井作业。
- e) 孔内作业照明应采用12 V以下的安全灯。
- f) 井内爆破前应经过设计计算,避免药量过多造成孔壁坍塌,应由已取得爆破操作证的专门技术人员负责。起爆装置宜用电雷管,若用导火索,其长度应能保证点炮人员安全撤离。
- g) 施工期间应加强地下水的监测,并采取适宜措施及时排除地下水。
- h) 暂停施工时应在孔口加盖盖板或其他防护设施。

13.1.13 预应力锚索施工过程中应符合下列安全规定:
- a) 钻孔作业前应检查作业平台的稳定性和钻机加固的牢靠性。
- b) 钻进过程中,严格按照操作规程作业,遇到特殊情况,应立即采取措施。
- c) 钢绞线下料切割过程中,应采取切割片突然飞出等防护措施。
- d) 注浆过程中,应检查管路的质量和通畅性,防止掺入外加剂的浆液导致堵管或爆管。
- e) 锚索张拉时,千斤顶出力方向严禁站人。

13.1.14 土石方开挖施工应符合下列安全规定:
- a) 施工前对周围环境应认真检查,不能在危险岩石下进行作业。
- b) 开挖过程中如发现滑坡迹象(如裂缝、滑动等)时,应暂停施工,必要时所有人员和机械要撤至安全地点,并采取措施及时处理。

13.1.15 施工前应对施工区域内存在的各种障碍物妥善处理,如建筑物、道路、沟渠、管线、旧基础、坟墓、树木等,凡影响施工的均应采取拆除、清理或迁移等方式进行妥善处置。不能拆除的,应制订保护建筑物、地下管线等安全的技术措施。

13.2 环境保护

13.2.1 滑坡防治工程施工前,应对施工过程中的环境因素和可能产生的环境污染进行分析,制订相应的环境保护措施。

13.2.2 按照绿色施工要求,应做到节地、节能、节水、节材。临时用地在满足施工需要的前提下应节约用地,施工中保护周边植被环境,不得随意乱砍、滥伐林木。

13.2.3 优选低噪声机械设备,合理布置施工场地,降低施工噪声对民众生活的干扰。爆破作业应安排在白天进行,尽量采用少药量、延时爆破作业方式。

13.2.4 潜孔锤钻进、爆破等易产生粉尘污染时,应安装必要的喷水及除尘装置。位于城镇范围内的潜孔锤钻进及削坡宜喷水防尘。

13.2.5 对作业过程中产生的有毒有害物质,包括掺有泥浆处理剂的废泥浆、清洗修理设备产生的废机油、剩余的水泥浆、水泥砂浆、混凝土等,应根据废弃物的性质分类收集并统一处理,防止废弃物对土壤、水体等自然环境的污染。

13.2.6 施工弃土应妥善处置,弃土边坡应保持稳定,必要时进行整平压实、设置挡土墙、截排水沟或边坡绿化,避免弃渣流失,堵塞沟道,污染环境和产生次生灾害。

13.2.7 生活区设垃圾池,垃圾集中堆放,并及时清运至指定垃圾场。生产生活污水排放应遵守当地环境保护部门的规定,宜经沉淀净化处理后排放。

13.2.8 滑坡防治工程施工结束后,应及时拆除临时设施,清理施工垃圾,平整场地,恢复植被。

13.2.9 施工时发现文物,应立即停止施工,采取合理措施保护现场,同时将情况报告建设单位和当地文物管理部门。

14 质量检验与工程验收

14.1 施工质量控制

14.1.1 滑坡防治工程开工前施工单位应制订工程质量主控措施,对施工人员进行技术交底和相关技术培训。

14.1.2 滑坡防治工程施工中采用的新技术、新工艺、新材料、新设备应按有关规定进行评审和备案。施工前应对新的或首次采用的施工工艺进行评价,制订专门的施工方案,并经监理单位核准。

14.1.3 质量检查工作,按施工单位建立的检查制度逐级进行,做好质量检查记录。

14.1.4 滑坡防治工程的施工质量控制应符合下列规定:
 a) 对滑坡防治工程采用的主要材料、半成品、成品、建筑构配件、器具和设备应进行检验。
 b) 各施工工序应按施工技术标准进行质量控制,每道施工工序完成后,做好隐蔽工程记录,经相应的自检和验收,符合规定后,才能进行下道工序施工。
 c) 对重要工序和关键部位应加强质量检查或进行测试,并应做详细记录,同时宜留存图像资料。

14.1.5 滑坡防治工程的质量验收应按设计要求和质量合格条件分部分项进行质量检验和验收。

14.1.6 各阶段的质量检验与验收应包括实物检验和资料检查,并应具有完整的质量检验记录,重要工序应具有完整的操作记录。

14.1.7 工程实物检验的抽样样本应随机抽取,并应满足分布均匀、具有代表性的要求。各检验项目的样本最小容量除有特殊要求外,按不应小于5确定。

14.1.8 施工中对检验出不合格的锚索(杆)、抗滑桩、挡墙或其他工程结构应根据不同情况分别采取返工、返修、更换或增补的方法处置，并应重新验收。

14.2 质量检验与验收标准

14.2.1 滑坡防治工程所用的原材料质量检验应包括下列内容：
a) 材料出厂产品合格检查。
b) 水泥、钢筋、钢绞线等材料的现场抽检。
c) 砌筑砂浆、锚固砂浆和混凝土的配合比试验报告检查。
d) 砌筑砂浆强度、锚固砂浆强度和混凝土强度检验。

14.2.2 对涉及结构安全和使用功能的原材料、成品及半成品应按有关规定进行见证取样、送样复验。其中砂浆强度的检测参照《砌体工程施工质量验收规范》(GB 50203)执行；混凝土的强度评定应符合附录D的规定。

14.2.3 除抗滑桩以外的钢筋混凝土结构工程的质量检验与验收标准应符合表7的规定。对已完工的钢筋混凝土结构中钢筋位置、间距、数量和保护层厚度，可采用钢筋探测仪复检，当对钢筋规格有怀疑时可直接凿开检查。

表7 钢筋安装质量检验与验收标准

序号	检验项目		允许偏差或允许值/mm	检验方法
1	受力钢筋排距		±5	尺量，两端、中间各1处
2	基础受力钢筋间距		±20	
3	分布钢筋间距		±20	
4	箍筋间距	绑扎骨架	±20	尺量，连续3处
		焊接骨架	±10	
5	弯起点位置		30	尺量
6	钢筋保护层厚度 c/mm	$c \geq 30$	+10,0	尺量，两端、中间各2处

14.2.4 排水明(盲)沟的质量检验与验收应符合表8的规定；排水隧洞的质量检验与验收标准应符合表9的规定；排水钻孔的孔位偏差不宜大于100 mm，孔深误差不应超过±50 mm，孔斜度应不大于1%，检查数为5%且不小于3孔。

表8 排水明(盲)沟质量检验与验收标准

序号	检验项目	允许偏差或允许值	检查方法与数量
1	长度	−500 mm	不小于2条沟
2	平面位置	±50 mm	每20 m用经纬仪或全站仪检查3点
3	断面尺寸	−20 mm	每20 m用直尺检查3处
4	沟底纵坡	±1%	每20 m用水准仪检查1点
5	沟底高程	±50 mm	每20 m用水准仪检查1点
6	表面平整度(凹凸差)	±20 mm	每20 m用2 m直尺检查3处
	排水盲沟的埋置深度、反滤层、防渗处理	应符合设计要求	实地量测，查记录

表9 排水隧洞质量检验与验收标准

序号	检验项目	允许偏差	检查方法
1	长度	−100 mm	全部实测
2	平面位置	±100 mm	每20 m用经纬仪或全站仪检查3点
3	断面尺寸	−50 mm	每20 m用直尺检查3处
4	洞底纵坡	±0.5%	每20 m用水准仪检查1点
5	洞底高程	±50 mm	每20 m用水准仪检查1点
6	渗井位置	±100 mm	用经纬仪或全站仪检查5%且不少于3点

14.2.5 抗滑桩施工过程中的质量检验与验收标准应符合表10的规定。

表10 抗滑桩质量检验与验收标准

序号	检验项目		允许偏差或允许值	检查方法
1	桩位		±100 mm	每桩,经纬仪测、尺量
2	桩长		不小于设计	每桩,测绳量
3	桩身断面尺寸或直径		不小于设计	尺检,每桩上、中、下部各1点
4	锚固段长度		达到设计要求	每桩,尺量
5	桩的垂直度	钻孔桩	1%桩长,且不大于500 mm	每桩,测斜仪或吊线测量
		挖孔桩	0.5%桩长,且不大于200 mm	每桩,吊线测量
6	桩身方位角偏差(迎滑方向)		<2°	每桩,仪器测量
7	主筋间距		±10 mm	每桩2个断面,尺量
8	箍筋间距		±20 mm	每桩5~10个间距,尺量
9	保护层厚度		±10 mm	每桩沿护壁检查8处,尺量
10	竖向主钢筋(其他钢材)的搭接与土石分界(或滑动面处)的距离		不小于2.0 m	每桩,尺量
11	桩身混凝土强度		达到设计要求	试样送检

14.2.6 抗滑桩桩身完整性检验,可采取预埋管声波透射法、低应变动测法、钻孔取芯法或其他有效方法,并应符合下列规定:

a) 抗滑桩应进行无损检测,挖孔桩及钻孔桩宜逐桩检测,微型桩按比例抽检。
b) 抗滑桩声波透射法检验应符合附录B的规定,低应变法检验应符合附录E的规定。
c) 对低应变动测检验结果有怀疑的抗滑桩,应采用钻孔取芯法进行补充检测,钻孔取芯法应进行单孔扩跨孔声波检测。
d) 对防治等级为Ⅰ级的滑坡,当桩的长边不小于2.0 m或直径大于2.0 m或桩长超过15.0 m时,应采用声波透射法检验。
e) 当对桩身质量有怀疑时,可采用钻孔取芯法进行复检。

14.2.7 锚索(杆)的验收试验应符合附录C的规定。

14.2.8 锚索(杆)工程的质量检验与验收标准应符合表11的规定。

表 11 锚索(杆)工程的质量检验与验收标准

序号	检验项目	允许偏差或允许值	检查方法
1	锚索(杆)位置	±100 mm	全部,水准仪、钢尺测量
2	钻孔直径	±10 mm	用卡尺量
3	钻孔深度	超过锚索(杆)设计长度不小于0.5 m	用钻杆量
4	锚固角度	<2.5°且<2 %钻孔长	全部,钻孔测斜仪
5	索(杆)体长度	+100 mm −30 mm	用钢尺量 无损检测
6	索(杆)体插入孔内长度	不小于设计长度的97 %	用钢尺量
7	注浆量	不小于理论计算量	检查计量数据
8	浆体强度	达到设计要求	试样送检
9	承载力极限值	符合验收标准	现场试验
10	锚固结构物的变形	符合设计要求	现场量测

14.2.9 格构锚固工程的锚索(杆)质量检验与验收标准应符合本规范第14.2.7条、第14.2.8条的规定;浆砌石及钢筋混凝土格构的质量检验与验收标准应符合表12的规定;锚管的质量检验与验收标准应符合表13的规定。

表 12 浆砌石(钢筋混凝土)格构质量检验与验收标准

序号	检验项目		允许偏差或允许值	检查方法
1	轴线位置	浆砌块(片)石	±50 mm	每20 m用经纬仪或全站仪检查3点
		钢筋混凝土	±30 mm	
2	断面尺寸	浆砌块(片)石	±40 mm	每20 m用水准仪检查1点
		钢筋混凝土	±20 mm	
3	坡度		±0.5 %	每20 m用铅锤线检查3处
4	表面平整度(凹凸差)	浆砌块石	±20 mm	每20 m用2 m直尺检查3处
		浆砌片石	±30 mm	
		钢筋混凝土	±10 mm	
5	强度	浆砌块石	达到设计要求	试样送检
		砌筑砂浆	达到设计要求	试样送检
		混凝土	达到设计要求	试样送检
6	格构与坡面接触情况		紧密接触	凿开

14.2.10 重力挡墙工程中浆砌石挡墙的质量检验与验收标准应符合表14的规定;混凝土挡墙的质量检验与验收标准应符合表15的规定;石笼挡墙的质量检验与验收标准应符合表16的规定。

表13 锚管（杆）一般项目

序号	检查项目	一般	检查方法
1	孔位	±1‰	全部，经纬仪、钢尺测量
2	孔深	±50 mm	全部，钢尺测量
3	杆长	±50 mm	全部，钢尺测量
4	锚固角度	<2.5°	全部，钻孔测斜仪

表14 浆砌石挡墙质量检验与验收标准

序号	检验项目	允许偏差或允许值	检查方法
1	平面位置	±50 mm	每20 m用经纬仪或全站仪检查3点
2	顶面高程	±20 mm	每20 m用水准仪检查1点
3	底面高程	±50 mm	每20 m用水准仪检查1点
4	坡度	±3%设计坡度	每20 m用铅锤线检查3处
5	表面平整度（凹凸差）	±20 mm	每20 m用2 m直尺检查3处
6	断面尺寸	不小于设计要求	尺量
7	地基承载力	满足设计要求	验槽
8	沉降缝位置和数量	符合设计要求	现场查看
9	泄水孔的数量和间距	符合设计要求	现场查看
10	石材强度等级	≥30 MPa	按设计标准送检
11	砂浆强度等级	不小于设计值	试样送检
12	反滤层厚度	−20 mm	用尺量，每长20 m量3处
13	砂浆饱满度	达到设计要求	查检验记录或凿开查看

表15 混凝土挡墙质量检验与验收标准

序号	检验项目	允许偏差或允许值	检查方法
1	平面位置	±30 mm	每20 m用经纬仪或全站仪检查3点
2	顶面高程	±10 mm	每20 m用水准仪检查1点
3	底面高程	±50 mm	每20 m用水准仪检查1点
4	坡度	±3%设计坡度	每20 m用铅锤线检查3处
5	表面平整度（凹凸差）	±10 mm	每20 m用2 m直尺检查3处
6	断面尺寸	不小于设计要求	尺量
7	地基承载力	满足设计要求	验槽
8	沉降缝位置和数量	符合设计要求	现场查看
9	泄水孔的数量和间距	符合设计要求	现场查看
10	混凝土强度等级	不小于设计值	试样送检
11	反滤层厚度	−20 mm	用尺量，每长20 m量3处

表16 石笼挡墙质量检验与验收标准

序号	检验项目	允许偏差或允许值	检查方法
1	平面位置	±50 mm	每20 m用经纬仪或全站仪检查3点
2	顶面高程	±20 mm	每20 m用水准仪检查1点
3	底面高程	±50 mm	每20 m用水准仪检查1点
4	坡度	±0.5%	每20 m用铅锤线检查3处
5	表面平整度(凹凸差)	±50 mm	每20 m用2 m直尺检查3处
6	断面尺寸	不小于设计要求	尺量
7	地基承载力	满足设计要求	验槽
8	沉降缝位置和数量	符合设计要求	现场查看
9	石材强度等级	≥30 MPa	按设计标准送检

14.2.11 扶壁式挡墙的质量检验与验收标准应符合本规范第14.2.3条和表17的规定。

14.2.12 桩板式挡墙中抗滑桩的质量检验与验收标准应符合本规范第14.2.5条和表17的规定；挡土板的质量检验与验收标准应符合本规范第13.2.3条的规定。

表17 扶壁式挡墙质量检验与验收标准

序号	检验项目		允许偏差或允许值	检查方法
1	平面位置		±50 mm	3处,测量仪器测量、尺量
2	墙身厚度		+20 mm,0 mm	3处,尺量
3	顶面高程		±20 mm	3点,测量仪器测量
4	泄水孔间距		±20 mm	抽样检验10%,尺量
5	沉降缝(伸缩缝)位置		±50 mm	每道缝,尺量
6	沉降缝(伸缩缝)宽度		±4 mm	6处,尺量
7	垂直度	$H \leq 6$ m	10 mm	3处,吊线尺量
		$H > 6$ m	15 mm	3处,吊线尺量
8	斜度		±3%设计坡度	3处,坡度尺或吊线尺量
9	平整度		20 mm	3处,3 m直尺尺量
10	混凝土强度等级		不小于设计值	试样送检

14.2.13 削方减载和回填压脚工程的质量检验与验收标准应符合表18的规定。回填压脚填筑土的密实度应现场取样检验,压实度应符合设计要求。

表18 削方减载工程质量检验与验收标准

序号	检验项目	允许偏差或允许值	检查方法
1	整形坡面	稳定无松动岩块,应按设计要求处理不良地质	现场查验
2	平均坡度	不陡于设计坡度	3处,测量仪器测量、尺量
3	马道	宽度、标高符合要求	3处,测量仪器测量、尺量
4	坡脚标高	±20 cm	3处,测量仪器测量

14.2.14 植物防护的坡面植物种类与防护范围应符合设计要求,并沿坡面连续覆盖,覆盖率 ≥95%,成活率应在95%以上,并符合表19的规定。

表19 植物防护质量控制标准

序号	检验项目	允许偏差或允许值	检验数量 范围	检验数量 频率	检查方法
1	成活率/%	5%	每400 m²	三条带	植草:尺量,计面积;植株:点数,统计计算

14.3 工程验收

14.3.1 滑坡防治工程竣工验收时,应提交下列资料:

a) 施工管理文件:施工开工申请、开工令、施工大事记、施工日志、施工阶段例会及其他会议记录、工程质量事故处理记录及有关文件、施工总结等。

b) 施工技术文件:施工组织设计及审查意见、施工安全措施、施工环保措施、专项施工方案、技术交底、图纸会审记录、设计变更申请、设计变更通知及图纸、勘查报告、施工图设计、工程定位测量及复核记录等。

c) 施工物资文件:工程所用材料(包括水泥、钢材、钢材焊连接、钢绞线、砂、碎石、块石、预制块、预制构件、主被动防护网等)的出厂合格证、检测报告、使用台账、不合格项处理记录等。

d) 施工试验记录文件:试验锚杆(索)、注(压)浆等检测试验报告,混凝土配比试验、砂浆配比试验、水泥浆配比试验。

e) 施工记录文件:各分部分项工程施工记录,基坑基槽与桩孔验槽记录,隐蔽工程验收记录等。

f) 施工地质记录文件:各类工程及开挖等的地质编录及地质素描图、桩孔开挖岩性柱状图、重要地质问题技术会议记录等。

g) 施工检测成果:桩身完整性监测报告、锚杆(索)抗拔检验报告、土石密实度检测结果、注(压)浆效果检测结果、混凝土试块检测报告、砂浆水泥浆试块检测报告等。

h) 工程竣工测量文件:测量放线资料,工程最终测量记录及测量成果图。

i) 施工质量评定文件:各分项(工序)、分部、单位工程质量检验评定表等。

j) 工程监测文件:建网报告及监测网平面布置图、中间性监测(月、季、半年、年)报告、监测总结报告等,包括施工监测和防治效果监测等。

k) 工程竣工验收文件:竣工图、竣工总结报告、竣工验收申请、竣工验收会议记录、工程竣工验收意见书、工程质量保修书等。
l) 其他必须提供的有关资料。

14.3.2 滑坡防治工程施工质量应按下列要求验收：
a) 工程质量验收均应在施工单位自检合格的基础上进行。
b) 参加工程施工质量验收的各方人员应具有相应的资格。
c) 检验批的质量应按主控项目和一般项目验收。
d) 隐蔽工程在隐蔽前应由施工单位通知监理单位进行验收，并应形成文件，验收合格后方可继续施工。
e) 工程的观感质量应由验收人员现场检查，并应共同确认。

附 录 A
（规范性附录）
主要防治工程施工工艺流程

A.1 滑坡防治工程总体工序流程

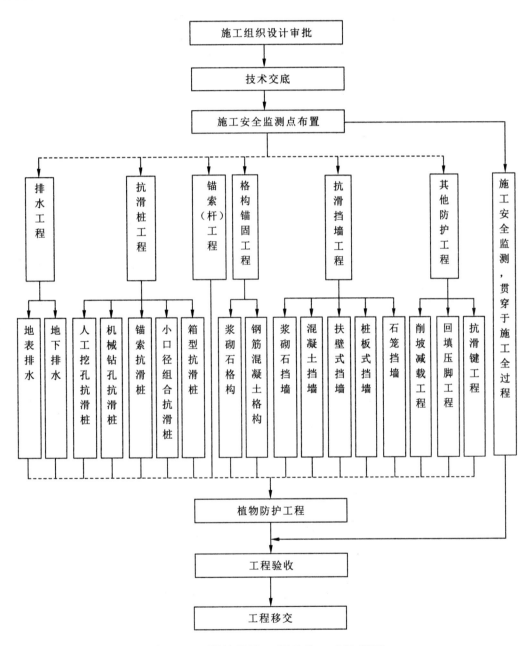

图 A.1 滑坡防治工程总体工序流程图

A.2 人工挖孔抗滑桩施工工艺流程

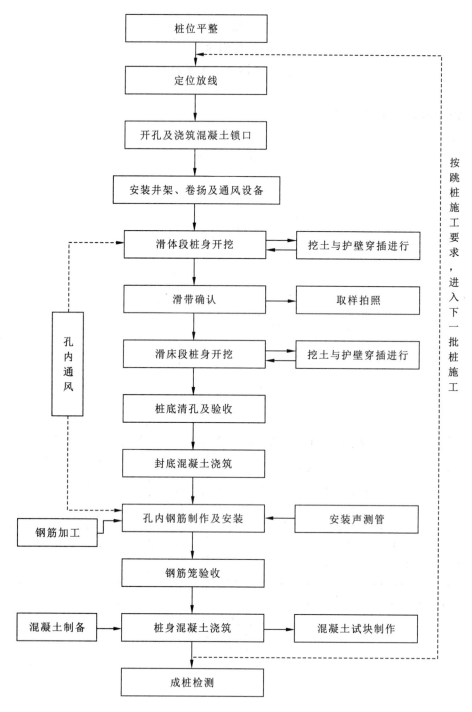

图 A.2 人工挖孔抗滑桩施工工艺流程图

A.3 机械钻孔抗滑桩施工工艺流程

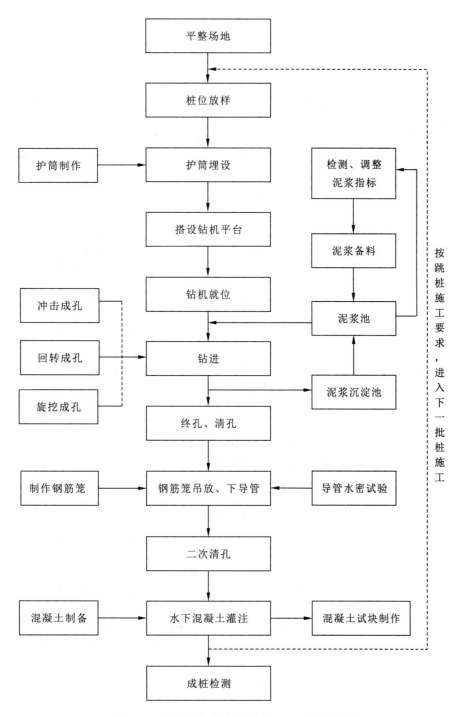

图 A.3 机械钻孔抗滑桩施工工艺流程图

A.4 小口径组合抗滑桩施工工艺流程

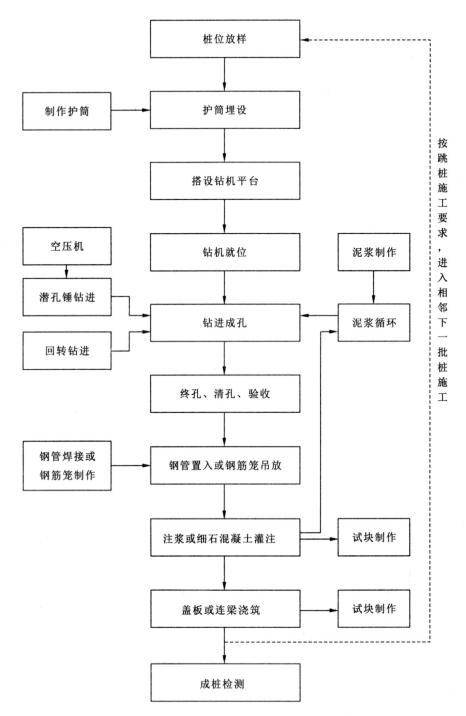

图 A.4 小口径组合孔抗滑桩施工工艺流程图

A.5 锚索(杆)施工工艺流程

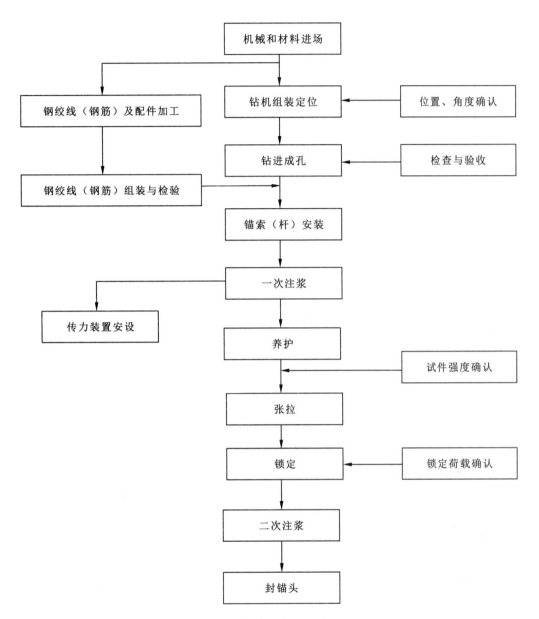

图 A.5 锚索(杆)施工工艺流程图

A.6 重力式(浆砌石、混凝土)挡墙施工工艺流程

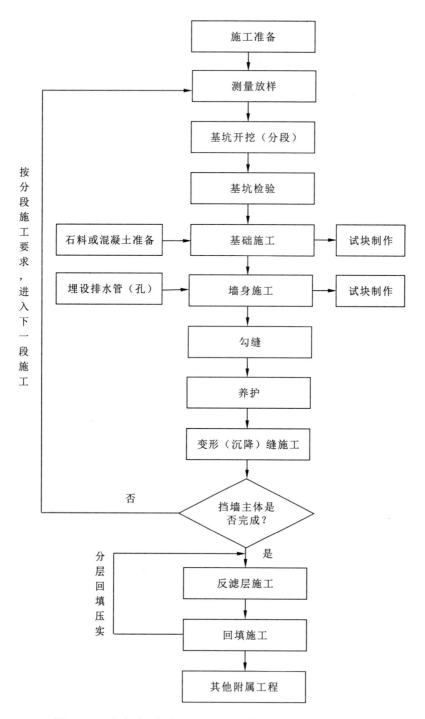

图 A.6 重力式(浆砌石、混凝土)挡墙施工工艺流程图

附 录 B
（规范性附录）
抗滑桩声波透射检测方法

B.1 适用范围

B.1.1 本方法适用于混凝土灌注桩的桩身完整性检测，判定桩身缺陷的位置、范围和程度。对于桩径小于 0.6 m 的桩，不宜采用本方法进行桩身完整性检测。

B.1.2 当出现下列情况之一时，不得采用本方法对整桩的桩身完整性进行评定。
   a) 声测管未沿桩身通长配置。
   b) 声测管堵塞导致检测数据不全。
   c) 声测管埋设数量不符合第 B.2 条的规定。

B.2 声测管埋设

B.2.1 声测管埋设应符合下列规定：
   a) 声测管内径应大于换能器外径。
   b) 声测管应有足够的径向刚度，声测管材料的温度系数应与混凝土接近。
   c) 声测管应下端封闭、上端加盖、管内无异物，声测管连接处应光顺过渡，管口应高出混凝土顶面 100 mm 以上。
   d) 浇灌混凝土前应将声测管有效固定。

B.2.2 声测管应沿钢筋笼内侧呈对称形状布置（图 B.1），并依次编号。声测管埋设数量应符合下列规定：

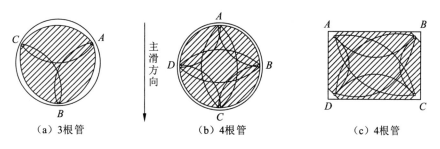

图 B.1 声测管布置示意图

[注：检测剖面编组（检测剖面序号为 j）分别为：3根管时，AB 剖面（$j=1$），BC 剖面（$j=2$），CA 剖面（$j=3$）；4根管时，AB 剖面（$j=1$），BC 剖面（$j=2$），CD 剖面（$j=3$），DA 剖面（$j=4$），AC 剖面（$j=5$），BD 剖面（$j=6$）。]

   a) 圆形抗滑桩：
      1) 桩径大于 800 mm 且小于或等于 1600 mm 时，不得少于 3 根声测管；
      2) 桩径大于 1600 mm 时，不得少于 4 根声测管；
      3) 桩径大于 2500 mm 时，宜增加预埋声测管数量。
   b) 矩形抗滑桩不得少于 4 根声测管，且每个角上有声测管。

B.3 现场检测

B.3.1 现场检测开始的时间除应符合《建筑基桩检测技术规范》(JGJ 106—2014)第3.2.5条第1款的规定外,尚应进行下列准备工作:
   a) 采用率定法确定仪器系统延迟时间。
   b) 计算声测管及耦合水层声时修正值。
   c) 在桩顶测量各声测管外壁间净距离。
   d) 将各声测管内注满清水,检查声测管畅通情况,换能器应能在声测管全程范围内正常升降。

B.3.2 现场平测和斜测应符合下列规定:
   a) 发射与接收声波换能器应通过深度标志分别置于两根声测管中。
   b) 平测时,声波发射与接收声波换能器应始终保持相同深度[图B.2(a)],斜测时,声波发射与接收换能器应始终保持固定高差[图B.2(b)],且两个换能器中点连线的水平夹角不应大于30°。

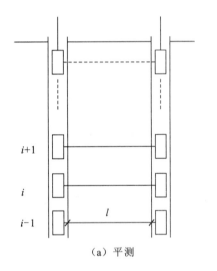
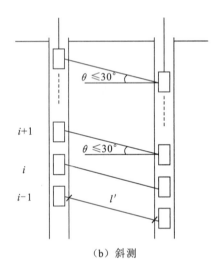

（a）平测　　　　　　　　　　　　　（b）斜测

图 B.2　平测、斜测示意图

   c) 声波发射与接收换能器应从桩底向上同步提升,声测线间距不应大于100 mm。提升过程中,应校核换能器的深度和校正换能器的高差,并确保测试波形的稳定性,提升速度不宜大于0.5 m/s。
   d) 应实时显示、记录每条声测线的信号时程曲线,并读取首波声时、幅值。当需要采用信号主频值作为异常声测线辅助判据时,尚应读取信号的主频值,保存检测数据的同时,应保存波列图信息。
   e) 同一检测剖面的声测线间距、声波发射电压和仪器设置参数应保持不变。

B.3.3 在桩身质量可疑的声测线附近,应采用增加声测线或采用扇形扫测(图B.3)、交叉斜测、CT影像技术等方式,进行复测和加密测试,确定缺陷的位置和空间分布范围,排除因声测管耦合不良等非桩身缺陷因素导致的异常声测线。采用扇形扫测时,两个换能器中点连线的水平夹角不应大于40°。

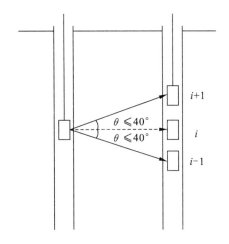

图 B.3 扇形扫测示意图

B.4 桩身完整性判定

表 B.1 桩身完整性判定

类别	特征
Ⅰ	所有声测线声学参数无异常,接受波形正常; 存在声学参数轻微异常、波形轻微畸变的异常声测线,异常声测线在任一检测剖面的任一区段内纵向不连续分布,且在任一深度横向分布的数量小于检测剖面数量的 50 %
Ⅱ	存在声学参数轻微异常、波形轻微畸变的异常声测线,异常声测线在一个或多个检测剖面的一个或多个区段内纵向不连续分布,或在一个或多个深度横向分布的数量大于或等于检测剖面数量的 50 %; 存在声学参数明显异常、波形明显畸变的异常声测线,异常声测线任一检测剖面的任一区段内纵向不连续分布,且在任一深度横向分布的数量小于检测剖面数量的 50 %
Ⅲ	存在声学参数明显异常、波形明显畸变的异常声测线,异常声测线在一个或多个检测剖面的一个或多个区段内纵向连续分布,但在任一深度横向分布的数量小于检测剖面数量的 50 %; 存在声学参数明显异常、波形明显畸变的异常声测线,异常声测线在任一检测剖面的任一区段内纵向不连续分布,但在一个或多个深度横向分布的数量大于或等于检测剖面数量的 50 %; 存在声学参数严重异常、波形严重畸变或声速低于低限值的异常声测线,异常声测线在任一检测剖面的任一区段内纵向不连续分布,且在任一深度横向分布的数量小于检测剖面数量的 50 %
Ⅳ	存在声学参数明显异常、波形明显畸变的异常声测线,异常声测线在一个或多个检测剖面的一个或多个区段内纵向连续分布,且在一个或多个深度横向分布的数量大于或等于检测剖面数量的 50 %; 存在声学参数严重异常、波形严重畸变或声速低于低限值的异常声测线,异常声测线在一个或多个检测剖面的一个或多个区段内纵向连续分布,或在一个或多个深度横向分布的数量大于或等于检测剖面数量的 50 %
注1:完整性类别由Ⅳ类往Ⅰ类依次判定。 注2:对于只有一个检测剖面的受检桩,桩身完整性判定应按该检测剖面代表桩全部横截面的情况对待。	

附 录 C
（规范性附录）
锚索（杆）试验

C.1 一般规定

C.1.1 锚索（杆）试验包括锚索（杆）的基本试验、验收试验。锚索（杆）蠕变试验应符合国家现行有关标准的规定。

C.1.2 锚索（杆）试验的千斤顶和油泵以及测力计、应变计和位移计等计量仪表应在试验前进行计量检定合格，且精度应经过确认，并在试验期间应保持不变。

C.1.3 锚索（杆）试验的反力装置在计划的最大试验荷载下应具有足够的强度和刚度。

C.1.4 锚索（杆）锚固体强度达到设计强度的 90 % 后方可进行试验。

C.1.5 锚索（杆）试验记录表可按表 C.1 制定。

表 C.1 锚索（杆）试验记录表

工程名称：
施工单位：

试验类别		试验日期		砂浆强度等级		设计	
试验编号		灌浆日期				实际	
岩土性状		灌浆压力		杆体材料		规格	
锚固段长度		自由段长度				数量	
钻孔直径		钻孔倾角				长度	
序号	荷载/kN	百分表位移/mm			本级位移量/mm	增量累计/mm	备注
		1	2	3			

校核： 试验记录：

C.2 基本试验

C.2.1 锚索（杆）基本试验的地质条件、锚索（杆）材料和施工工艺等应与工程锚索（杆）一致。

C.2.2 基本试验时最大的试验荷载不应超过杆体标准值的 0.85 倍，普通钢筋不应超过其屈服值的 0.90 倍。

C.2.3 基本试验主要目的是确定锚固体与岩土层间粘结强度极限标准值、锚索（杆）设计参数和施工工艺。试验锚索（杆）的锚固长度和锚索（杆）根数应符合下列规定：

  a) 当进行确定锚固体与岩土层间粘结强度极限标准值、验证杆体与砂浆间粘结强度极限标准值的试验时,为使锚固体与地层间首先破坏,当锚固段长度取设计锚固长度时应增加锚索(杆)钢绞线(钢筋)用量,或采用设计锚索(杆)时应减短锚固长度,试验锚索(杆)的锚固长度对硬质岩取设计锚固长度的 0.40 倍,对软质岩取设计锚固长度的 0.60 倍。

  b) 当进行确定锚固段变形参数和应力分布的试验时,锚固段长度应取设计锚固长度。

  c) 每种试验锚索(杆)数量均不应少于 3 根。

C.2.4 锚索(杆)基本试验应采用循环加荷、卸荷法,并应符合下列规定:

  a) 每级荷载施加或卸除完毕后,应立即测读变形量。

  b) 在每级加荷等级观测时间内,测读位移不应少于 3 次,每级荷载稳定标准为 3 次百分表读数的累计变位量不超过 0.10 mm,稳定后即可加下一级荷载。

  c) 在每级卸荷时间内,应测读锚头位移 2 次,荷载全部卸除后,再测读 2~3 次。

  d) 加荷、卸荷等级,测读间隔时间宜按表 C.2 确定。

表 C.2 锚索(杆)基本试验循环加荷、卸荷等级与位移观测间隔时间

加荷标准循环数	预估破坏荷载的百分数/%											
	每级加载量						累计加载量	每级卸载量				
第一循环	10	20	20				50			20	20	10
第二循环	10	20	20	20			70		20	20	20	10
第三循环	10	20	20	20	20		90	20	20	20	20	10
第四循环	10	20	20	20	20	10	100	10	20	20	20	20	10
观测时间/min	5	5	5	5	5	5		5	5	5	5	5	5

C.2.5 锚索(杆)试验中出现下列情况之一时可视为破坏,应终止加载:

  a) 锚头位移不收敛,锚固体从岩土层中拔出或锚索(杆)从锚固体中拔出。

  b) 锚头总位移量超过设计允许值。

  c) 土层锚索(杆)试验中后一级荷载产生的锚头位移增量,超过上一级荷载位移增量的 2 倍。

C.2.6 试验完成后,应根据试验数据绘制:荷载-位移(Q-s)曲线、荷载-弹性位移(Q-s_e)曲线、荷载-塑性位移(Q-s_p)曲线。

C.2.7 拉力型锚索(杆)弹性变形在最大试验荷载作用下,所测得的弹性位移量应超过该荷载下杆体自由段理论弹性伸长值的 80%,且小于杆体自由段长度与 1/2 锚固段之和的理论弹性伸长值。

C.2.8 锚索(杆)极限承载力标准值取破坏荷载前一级的荷载值;在最大试验荷载作用下未达到本规范附录 C 第 C.2.5 条规定的破坏标准时,锚索(杆)极限承载力取最大荷载值为标准值。

C.2.9 当锚索(杆)试验数量为 3 根,各根极限承载力值的最大差值小于 30% 时,取最小值作为锚索(杆)的极限承载力标准值;若最大差值超过 30%,应增加试验数量,按 95% 的保证概率计算锚索(杆)极限承载力标准值。

C.2.10 基本试验的钻孔,应钻取芯样进行岩石力学性能试验。

C.3 验收试验

C.3.1 锚索(杆)验收试验的目的是检验施工质量是否达到设计要求。

C.3.2 验收试验锚索(杆)的数量取每种类型锚索(杆)总数的 5 %,自由段位于Ⅰ、Ⅱ、Ⅲ类岩石内时取总数的 1.5 %,且均不得少于 5 根。

C.3.3 验收试验的锚索(杆)应随机抽样。质监、监理、业主或设计单位对质量有疑问的锚索(杆)也应抽样作验收试验。

C.3.4 验收试验荷载对永久性锚索(杆)为锚索(杆)轴向拉力 N_{ak} 的 1.50 倍;对临时性锚索(杆)为 1.20 倍。

C.3.5 前三级荷载可按试验荷载值的 20 % 施加,以后每级按 10 % 施加;达到检验荷载后观测 10 min,在 10 min 持荷时间内锚索(杆)的位移量应小于 1.00 mm。当不能满足时持荷至 60 min 时,锚索(杆)位移量应小于 2.00 mm。卸荷到试验荷载的 0.10 倍并测出锚头位移。加载时的测读时间可按本规范附录 C 表 C.2.4 确定。

C.3.6 锚索(杆)试验完成后应绘制锚索(杆)荷载-位移(Q-s)曲线图。

C.3.7 符合下列条件时,试验的锚索(杆)应评定为合格:
   a) 加载到试验荷载计划最大值后变形稳定。
   b) 符合本规范附录 C 第 C.2.8 条规定。

C.3.8 当验收锚索(杆)不合格时,应按锚索(杆)总数的 30 % 重新抽检;重新抽检有锚索(杆)不合格时应全数进行检验。

C.3.9 锚索(杆)总变形量应满足设计允许值,且应与地区经验基本一致。

附 录 D
（规范性附录）
混凝土强度的检验评定

D.1 统计方法评定

D.1.1 采用统计方法评定时，应按下列规定进行：
a) 当连续生产的混凝土，生产条件在较长时间内保持一致，且同一品种、同一强度等级混凝土的强度变异性保持稳定时，应按本规范第 D.1.2 条的规定进行评定；
b) 其他情况应按本规范第 D.1.3 条的规定进行评定。

D.1.2 一个检验批的样本容量应为连续的 3 组试件，其强度应同时符合下列规定：

$$m_{f_{cu}} \geqslant f_{cu,k} + 0.7\sigma_0 \quad \cdots\cdots\cdots\cdots\cdots\cdots (D.1)$$

$$f_{cu,min} \geqslant f_{cu,k} - 0.7\sigma_0 \quad \cdots\cdots\cdots\cdots\cdots\cdots (D.2)$$

检验批混凝土立方体抗压强度的标准差应按下式计算：

$$\sigma_0 = \sqrt{\dfrac{\sum\limits_{i=1}^{n} f_{cu,i}^2 - nm_{f_{cu}}^2}{n-1}} \quad \cdots\cdots\cdots\cdots\cdots\cdots (D.3)$$

当混凝土强度等级不高于 C20 时，其强度的最小值尚应满足下式要求：

$$f_{cu,min} \geqslant 0.85 f_{cu,k} \quad \cdots\cdots\cdots\cdots\cdots\cdots (D.4)$$

当混凝土强度等级高于 C20 时，其强度的最小值尚应满足下列要求：

$$f_{cu,min} \geqslant 0.90 f_{cu,k} \quad \cdots\cdots\cdots\cdots\cdots\cdots (D.5)$$

式中：$m_{f_{cu}}$——同一检验批混凝土立方体抗压强度的平均值（N/mm²），精确到 0.1 N/mm²；

$f_{cu,k}$——混凝土立方体抗压强度标准值（N/mm²），精确到 0.1 N/mm²；

σ_0——检验批混凝土立方体抗压强度的标准差（N/mm²），精确到 0.1 N/mm²，当检验批混凝土强度标准差 σ_0 计算值小于 2.5 N/mm² 时，应取 2.5 N/mm²；

$f_{cu,i}$——前一个检验期内同一品种、同一强度等级的第 i 组混凝土试件的立方体抗压强度代表值（N/mm²），精确到 0.1 N/mm²，该检验期不应小于 60 d，也不得大于 90 d；

n——前一检验期内的样本容量，在该期间内样本容量不应少于 45；

$f_{cu,min}$——同一检验批混凝土立方体抗压强度的最小值（N/mm²），精确到 0.1 N/mm²。

D.1.3 当样本容量不少于 10 组时，其强度应同时满足下列要求：

$$m_{f_{cu}} \geqslant f_{cu,k} + \lambda_1 \cdot S_{f_{cu}} \quad \cdots\cdots\cdots\cdots\cdots\cdots (D.6)$$

$$f_{cu,min} \geqslant \lambda_2 \cdot f_{cu,k} \quad \cdots\cdots\cdots\cdots\cdots\cdots (D.7)$$

同一检验批混凝土立方体抗压强度的标准差应按下式计算：

$$S_{f_{cu}} = \sqrt{\dfrac{\sum\limits_{i=1}^{n} f_{cu,i}^2 - nm_{f_{cu}}^2}{n-1}} \quad \cdots\cdots\cdots\cdots\cdots\cdots (D.8)$$

式中：$S_{f_{cu}}$——同一检验批混凝土立方体抗压强度的标准差（N/mm²），精确到 0.01 N/mm²，当检验批混凝土强度标准差 $S_{f_{cu}}$ 计算值小于 2.5 N/mm² 时，应取 2.5 N/mm²；

λ_1、λ_2 ——合格评定系数,按表 D.1 取用;

n ——本检验期内的样本容量。

表 D.1 混凝土强度的合格评定系数

试件组数	10~14	15~19	≥20
λ_1	1.15	1.05	0.95
λ_2	0.90	0.85	

D.2 非统计方法评定

D.2.1 当用于评定的样本容量小于 10 组时,应采用非统计方法评定混凝土强度。

D.2.2 按非统计方法评定混凝土强度时,其强度应同时符合下列规定:

$$m_{f_{cu}} \geqslant \lambda_3 \cdot f_{cu,k} \quad \cdots\cdots\cdots\cdots (D.9)$$

$$f_{cu,min} \geqslant \lambda_4 \cdot f_{cu,k} \quad \cdots\cdots\cdots\cdots (D.10)$$

式中:λ_3、λ_4 ——合格评定系数,应按表 D.2 取用。

表 D.2 混凝土强度的非统计法合格评定系数

混凝土强度等级	<C60	≥C60
λ_3	1.15	1.10
λ_4	0.95	

D.3 混凝土强度的合格性评定

D.3.1 当检验结果满足第 D.1.2 条或第 D.1.3 条或第 D.2.2 条的规定时,则该批混凝土强度应评定为合格;当不能满足上述规定时,该批混凝土强度应评定为不合格。

D.3.2 对评定为不合格批的混凝土,可按国家现行的有关标准进行处理。

附 录 E
（规范性附录）
低应变法检验

E.1 一般规定

E.1.1 本方法适用于检测混凝土桩的桩身完整性,判定桩身缺陷的程度及位置。桩的有效检测桩长范围应通过现场试验确定。

E.1.2 对桩身截面多变且变化幅度较大的灌注桩,应采用其他方法辅助验证低应变法检测的有效性。

E.2 仪器设备

E.2.1 检测仪器的主要技术性能指标应符合现行行业标准《基桩动测仪》(JG/T 3055)的有关规定。

E.2.2 瞬态激振设备应包括能激发宽脉冲和窄脉冲的力锤以及锤垫;力锤可装有力传感器;稳态激振设备应为电磁式稳态激振器,其激振力可调,扫频范围为 10 Hz～2 000 Hz。

E.3 现场检测

E.3.1 受检桩应符合下列规定：
  a) 桩身强度应符合《建筑基桩检测技术规范》(JGJ 106—2014)第 3.2.5 条第 1 款的规定。
  b) 桩头的材质、强度应与桩身相同,桩头的截面尺寸不宜与桩身有明显差异。
  c) 桩顶面应平整、密实,并与桩轴线垂直。

E.3.2 测试参数设定,应符合下列规定：
  a) 时域信号记录的时间段长度应在 $2L/c$。时刻后延续不少于 5 ms,幅频信号分析的频率范围上限不应小于 2 000 Hz。
  b) 设定桩长应为桩顶测点至桩底的施工桩长,设定桩身截面积应为施工截面积。
  c) 桩身波速可根据本地区同类型桩的测试值初步设定。
  d) 采样时间间隔或采样频率应根据桩长、桩身波速和频域分辨率合理选择,时域信号采样点数不宜少于 1 024 点。
  e) 传感器的设定值应按计量检定或校准结果设定。

E.3.3 测量传感器安装和激振操作应符合下列规定：
  a) 安装传感器部位的混凝土应平整,传感器安装应与桩顶面垂直,用耦合剂粘结时,应具有足够的粘结强度。
  b) 激振点与测量传感器安装位置应避开钢筋笼的主筋影响。
  c) 激振方向应沿桩轴线方向。
  d) 瞬态激振应通过现场敲击试验,选择合适重量的激振力锤和软硬适宜的锤垫。宜用宽脉冲获取桩底或桩身下部缺陷反射信号,宜用窄脉冲获取桩身上部缺陷反射信号。
  e) 稳态激振应在每一个设定频率下获得稳定响应信号,并应根据桩径、桩长及桩周土约束情况调整激振力大小。

E.3.4 信号采集和筛选，应符合下列规定：

a) 根据桩径大小，桩心对称布置2~4个安装传感器的检测点；实心桩的激振点应选择在桩中心，检测点宜在距桩中心2/3半径处。空心桩的激振点和检测点宜为桩壁厚的1/2处，激振点和检测点与桩中心连线形成的夹角宜为90°。

b) 当桩径较大或桩上部横截面尺寸不规则时，除应按上款在规定的激振点和检测点位置采集信号外，尚应根据实测信号特征改变激振点和检测点的位置采集信号。

c) 不同检测点及多次实测时域信号一致性较差时，应分析原因，增加检测点数量。

d) 信号不应失真和产生零漂，信号幅值不应大于测量系统的量程。

e) 每个检测点记录的有效信号数不宜少于3个。

f) 应根据实测信号反映的桩身完整性情况，确定采取变换激振点位置和增加检测点数量的方式再次测试，或结束测试。

E.4 桩身完整性判定

E.4.1 桩身完整性类别应结合缺陷出现的深度、测试信号衰减特性以及设计桩型、成桩工艺、地基条件、施工情况，按本规范表E.1和表E.2所列时域信号特征或幅频信号特征进行综合分析判定。

表E.1 桩身完整性分类表

桩身完整性类别	分类原则
Ⅰ	桩身完整
Ⅱ	桩身有轻微缺陷，不会影响桩身结构承载力的正常发挥
Ⅲ	桩身有明显缺陷，对桩身结构承载力有影响
Ⅳ	桩身存在严重缺陷

表E.2 桩身完整性判定

类别	时域信号特征	幅频信号特征
Ⅰ	$2L/c$时刻前无缺陷反射波，有桩底反射波	桩底谐振峰排列基本等间距，其相邻频差$\Delta f \approx c/2L$
Ⅱ	$2L/c$时刻前出现轻微缺陷反射波，有桩底反射波	桩底谐振峰排列基本等间距，其相邻频差$\Delta f \approx c/2L$，轻微缺陷产生的谐振峰与桩底谐振峰之间的频差$\Delta f' > c/2L$
Ⅲ	有明显缺陷反射波，其他特征介于Ⅱ类和Ⅳ类之间	
Ⅳ	$2L/c$时刻前出现严重缺陷反射波或周期性反射波，无桩底反射波；或因桩身浅部严重缺陷使波形呈现低频大振幅衰减振动，无桩底反射波	缺陷谐振峰排列基本等间距，相邻频差$\Delta f' > c/2L$，无桩底谐振峰；或因桩身浅部严重缺陷只出现单一谐振峰，无桩底谐振峰